MathStart®
洛克数学启蒙②

小小消防员

[美]斯图尔特·J.墨菲 文　　[美]伯妮丝·卢姆 图　　静博 译

分类

海峡出版发行集团 THE STRAITS PUBLISHING & DISTRIBUTING GROUP | 福建少年儿童出版社 FUJIAN CHILDREN'S PUBLISHING HOUSE

献给夏洛特，她像纽扣一样可爱。

——斯图尔特·J.墨菲

献给"小羽毛"和他的小狗。

——伯妮丝·卢姆

3 LITTLE FIREFIGHTERS

Text Copyright © 2003 by Stuart J. Murphy

Illustration Copyright © 2003 by Bernice Lum

Published by arrangement with HarperCollins Children's Books, a division of HarperCollins Publishers through Bardon-Chinese Media Agency

Simplified Chinese translation copyright © 2023 by Look Book (Beijing) Cultural Development Co., Ltd.

ALL RIGHTS RESERVED

著作权合同登记号：图字 13-2023-038号

图书在版编目（CIP）数据

洛克数学启蒙. 2. 小小消防员 / (美) 斯图尔特·J.墨菲文；(美) 伯妮丝·卢姆图；静博译. -- 福州：福建少年儿童出版社, 2023.9
　ISBN 978-7-5395-8094-4

　Ⅰ.①洛… Ⅱ.①斯… ②伯… ③静… Ⅲ.①数学 - 儿童读物 Ⅳ.①O1-49

中国国家版本馆CIP数据核字(2023)第005828号

LUOKE SHUXUE QIMENG 2 · XIAOXIAO XIAOFANGYUAN

洛克数学启蒙2·小小消防员

著　者：[美]斯图尔特·J.墨菲　文　[美]伯妮丝·卢姆　图　静博　译
出 版 人：陈远　出版发行：福建少年儿童出版社　http://www.fjcp.com　e-mail:fcph@fjcp.com　社址：福州市东水路 76 号 17 层（邮编：350001）
选题策划：洛克博克　责任编辑：曾亚真　助理编辑：赵芷晴　特约编辑：刘丹亭　美术设计：翠翠　电话：010-53606116（发行部）　印刷：北京利丰雅高长城印刷有限公司
开　本：889 毫米 ×1092 毫米　1/16　印张：2.5　版次：2023 年 9 月第 1 版　印次：2023 年 9 月第 1 次印刷　ISBN 978-7-5395-8094-4　定价：24.80 元

小小消防员

我们是 3 名小小消防员。
快点快点，让我们把消防服穿好。

一个小时以后，队伍开始接受检阅，
我们必须展现出最好的姿态。

糟糕！我们的纽扣不见了！
这可怎么办？
没有纽扣，肚子就会露在外面，
连肚脐眼儿都会被大家看到的。

我们得去找些纽扣，还必须能够配成套。
每件衣服需要 4 颗纽扣，数量少了可不行。

9

我们找到了很多纽扣，
现在需要把这些纽扣组成 3 套。
先按形状来分类，
看看我们能得到什么？

"我找到了一组圆圆的纽扣！"

可是另外两组不完整。
等我们走在街上的时候，
肚脐眼儿还是会露在外面。

小斑点，我们遇到麻烦了，
现在没时间和你玩。
我们得赶紧穿上靴子，
马上出发去找扣子！

丁零，丁零！

丁零，丁零！

15

我们要抓紧时间了。
我们必须找到 3 组成套的纽扣。

现在按颜色来分类，
看看我们能得到什么？

17

"我们的纽扣配齐了！"

"可是……我的还没有。
等到接受检阅的时候，
我的肚脐眼儿还是会露在外面。"

19

呜呜呜呜！

呜呜呜呜！

小斑点，别调皮。
我们还没准备好呢。

让我们按大小来分类吧。

看看能得到什么？

现在，我们每个人都有 4 颗纽扣，
大号、中号和小号。
这下我们的肚脐眼儿再也不会露出来了。

小斑点，别叫了。
一切准备就绪。
现在，我们要把纽扣缝到衣服上。
"等等！我丢了一颗纽扣。"

汪，汪！

让我们到处找一找，一定会找到的！
把这个地方上上下下、仔仔细细地找一遍！
消防车下面也不要放过！

等等——

快看，小斑点找到了什么？

29

丁零，丁零！呜呜！

呜呜！汪，汪！

现在，所有的纽扣都缝在衣服上了。
我们全部准备好了。
我们是 3 名小小消防员，
还有我们的狗狗——小斑点！

汪汪！

　　《小小消防员》中所涉及的数学概念是分类。学会将物体按照某种属性（如颜色、形状或大小）进行分类，能为孩子以后学习规律、数字、绘图、几何和测量等知识奠定基础。

　　对于《小小消防员》中所呈现的数学概念，如果你们想从中获得更多乐趣，有以下几条建议：

　　1. 和孩子一起读故事，并让孩子留意每个消防员外套上的纽扣。问问孩子，每件外套上的纽扣有什么相同和不同之处。

　　2. 准备 12 张卡片，卡片上画出故事里的 12 颗纽扣。读故事时，让孩子用手里的卡片来模拟故事中发生的事情。

　　3. 读完故事后，让孩子像故事中那样，对纽扣卡进行分类。请孩子说说他是如何分类的。

　　4. 准备一些卡片，在每张卡片上写下一位家庭成员的名字。让孩子对这些名字进行分类，并询问他是遵循什么规则进行分类的。例如，他可以按照名字的长度、名字主人的性别进行分类。

　　5. 在纸片上写英文字母，每张纸片上只写一个字母。让孩子对这些字母进行分类，并询问他是遵循什么规则进行分类的。例如，他可能会根据字母是否对称或者是否具有弯曲的线条进行分类。

如果你想将本书中的数学概念扩展到孩子的日常生活中，可以参考以下这些游戏活动：

1. 超市购物：去超市购物时，让孩子对不同的包装进行分类。例如，他可以根据包装能不能滚动进行分类，也可以根据包装里装的是不是食物来进行分类。

2. 鞋店探秘：和孩子一起去鞋店，观察店里所有不同类型的鞋子。问问孩子，他能按哪些方式对这些鞋子进行分类。例如，他可以按照穿鞋子的场合（工作场合或游玩场合）、鞋子的大小或鞋子适合的性别来分类。

3. 纽扣游戏：你需要收集许多颗不同大小、形状和颜色的纽扣，再准备一张画有圆圈的纸。让第一位玩家选出一组纽扣（例如，全部是圆形的或全部是红色的），并将它们放在圆圈内，然后让第二位玩家来猜分类规则。

洛克数学启蒙

1

《虫虫大游行》	比较
《超人麦迪》	比较轻重
《一双袜子》	配对
《马戏团里的形状》	认识形状
《虫虫爱跳舞》	方位
《宇宙无敌舰长》	立体图形
《手套不见了》	奇数和偶数
《跳跃的蜥蜴》	按群计数
《车上的动物们》	加法
《怪兽音乐椅》	减法

2

《小小消防员》	分类
《1、2、3，茄子》	数字排序
《酷炫 100 天》	认识 1~100
《嘀嘀，小汽车来了》	认识规律
《最棒的假期》	收集数据
《时间到了》	认识时间
《大了还是小了》	数字比较
《会数数的奥马利》	计数
《全部加一倍》	倍数
《狂欢购物节》	巧算加法

3

《人人都有蓝莓派》	加法进位
《鲨鱼游泳训练营》	两位数减法
《跳跳猴的游行》	按群计数
《袋鼠专属任务》	乘法算式
《给我分一半》	认识对半平分
《开心嘉年华》	除法
《地球日，万岁》	位值
《起床出发了》	认识时间线
《打喷嚏的马》	预测
《谁猜得对》	估算

4

《我的比较好》	面积
《小胡椒大事记》	认识日历
《柠檬汁特卖》	条形统计图
《圣代冰激凌》	排列组合
《波莉的笔友》	公制单位
《自行车环行赛》	周长
《也许是开心果》	概率
《比零还少》	负数
《灰熊日报》	百分比
《比赛时间到》	时间

MathStart
洛克数学启蒙②

1、2、3，茄子

[美]斯图尔特·J.墨菲　文

[美]约翰·华莱士　图

吕竞男　译

数字排序

海峡出版发行集团
THE STRAITS PUBLISHING & DISTRIBUTING GROUP
福建少年儿童出版社
FUJIAN CHILDREN'S PUBLISHING HOUSE

献给永远保持微笑的马德琳·格蕾丝！

　　　　　　　——斯图尔特·J.墨菲

献给扎克、杰克、和A.J.。

　　　　　　　——约翰·华莱士

著作权合同登记号：图字 13-2023-038号

图书在版编目（ＣＩＰ）数据

　洛克数学启蒙.2.1、2、3，茄子 / (美) 斯图尔特·
J.墨菲文；(美) 约翰·华莱士图；吕竞男译. -- 福州:
福建少年儿童出版社, 2023.9
　ISBN 978-7-5395-8095-1

　Ⅰ.①洛… Ⅱ.①斯… ②约… ③吕… Ⅲ.①数学 -
儿童读物 Ⅳ.①O1-49

中国国家版本馆CIP数据核字(2023)第005308号

LUOKE SHUXUE QIMENG 2·1、2、3, QIEZI

洛克数学启蒙2·1、2、3，茄子

著　　者：[美]斯图尔特·J.墨菲　文　[美]约翰·华莱士　图　吕竞男　译
出 版 人：陈远　　出版发行：福建少年儿童出版社　http://www.fjcp.com　e-mail:fcph@fjcp.com　社址：福州市东水路76号17层（邮编：350001）
选题策划：洛克博克　责任编辑：曾亚真　助理编辑：赵芷晴　特约编辑：刘丹亭　美术设计：翠翠　电话：010-53606116（发行部）　印刷：北京利丰雅高长城印刷有限公司
开　　本：889 毫米 ×1092 毫米　1/16　印张：2.5　版次：2023 年 9 月第 1 版　印次：2023 年 9 月第 1 次印刷　ISBN 978-7-5395-8095-1　定价：24.80 元

1、2、3，茄子

每到伦普金家族大聚会的时候，豪伊叔叔就喜欢为大家拍照。他有一台即时成像相机，拍完就能看到照片。

今年，他拍下了正在
跳探戈舞的泽尔达奶奶，

尝蛋糕糖霜的伯莎姨妈，

还有莫里斯叔叔的假发
掉进水果酒的那一刻。

接下来，他要给所有的孩子拍照了。
"萨莉！马克斯！大卫！"豪伊叔叔大声喊道，"快来排队，拍照啦！"

3个孩子跑了过来。

"邦佐去哪儿啦？"萨莉问道，"拍照可不能少了邦佐！"

"我们这里没有叫邦佐的呀。"豪伊叔叔不解地说。
可萨莉没有听到他说的话。
"邦佐！"萨莉喊道，"你在哪儿？"

"按年龄从小到大排好队。"豪伊叔叔说。

"我6岁。"马克斯说。

"我9岁。"萨莉说。

"我刚满 8 岁，"大卫说，"所以我应该站在中间。"

马克斯
6

大卫
8

萨莉
9

"一起喊'茄子'！"豪伊叔叔嘱咐孩子们。

"茄子！"马克斯和大卫喊道。

"邦佐！"萨利突然大叫，"原来你在这儿！"

正当豪伊叔叔按下快门时，萨利突然跑开了。
"糟糕！"豪伊叔叔惊呼一声，"这张照片毁了！"

亚当和布里安娜凑过来看了看。"轮到我们了吗？"布里安娜问。

　　"我给你们 4 个孩子一起拍，"豪伊叔叔说，"按年龄从小到大排好队。"

　　"我 11 岁，"亚当说，"我站在队尾。"

　　"我快 8 岁了，"布里安娜说，"我想挨着亚当。"

　　"不行，"大卫一边说着，一边挤到布里安娜和亚当中间，"快 8 岁也就是说只有 7 岁。"

马克斯
6

大卫
8

布里安娜
7

亚当
11

马克斯
6

布里安娜
7

大卫
8

亚当
11

15

他们终于排好队。

"一起喊'茄子'！"豪伊叔叔提醒孩子们。

"茄子！"大家都喊起来。但就在豪伊叔叔按下快门的那一刻，布里安娜推了大卫一下，结果大卫撞到了亚当身上。

"这帮淘气包！"豪伊叔叔惊呼道，"这张照片又毁了！"

马克斯
6

布里安娜
7

大卫
8

亚当
11

17

塔尼娅和利蒂西娅用婴儿车推着雅各布走过来。

"是不是该轮到我们照相了？"塔尼娅问道。

"我给你们一起照，"豪伊叔叔说，"按年龄从小到大排好队。"

"我15岁。"塔尼娅说。毫无疑问，她是所有孩子当中年龄最大的。

马克斯
6

布里安娜
7

大卫
8

"我 13 岁，"利蒂西娅说，"但亚当的个子比我高很多。我要站在他和大卫中间。"

雅各布
1

利蒂西娅
13

亚当
11

塔尼娅
15

19

"不，不，不行！"豪伊叔叔说，"重新排队！"
"我才 11 岁，"亚当对利蒂西娅说，"你应该站在我和塔尼娅中间。"
"雅各布要排在这儿，就在马克斯旁边。"布里安娜说。

雅各布　　　　马克斯　　　　　布里安娜　　　　大卫
　1　　　　　　　6　　　　　　　　7　　　　　　　8

20

为了看上去和亚当一样高，利蒂西娅使劲踮着脚尖。

亚当

11

利蒂西娅

13

塔尼娅

15

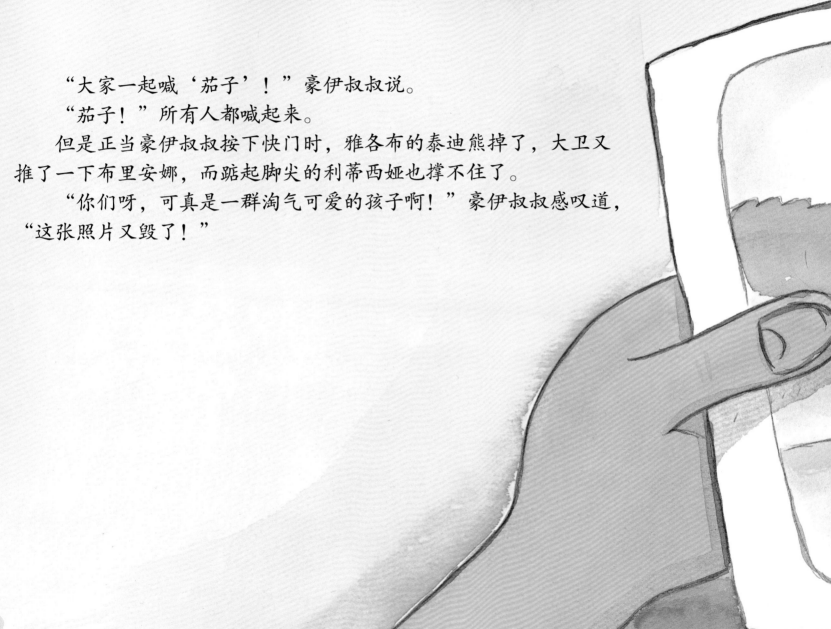

“大家一起喊‘茄子’！”豪伊叔叔说。

“茄子！”所有人都喊起来。

但是正当豪伊叔叔按下快门时，雅各布的泰迪熊掉了，大卫又推了一下布里安娜，而踮起脚尖的利蒂西娅也撑不住了。

“你们呀，可真是一群淘气可爱的孩子啊！”豪伊叔叔感叹道，“这张照片又毁了！”

"没办法啦！"豪伊叔叔说，"还剩最后一张底片。所有人都要站好，不许哭，也不许摔倒。大家一起喊'茄子'！"

24

"等等！萨莉表妹去哪儿了？"亚当问，"就差她一个啦！"
"萨莉！"大家都喊着她的名字。

萨莉跑过来，可她看起来不太开心。

"我找不到邦佐了！"她说，"我们的家族合影不能少了邦佐！"

"你没有叫邦佐的表兄弟！"豪伊叔叔大声说道，"快点，大家排好队！"

雅各布	马克斯	布里安娜	大卫
1	6	7	8

"萨莉，你 9 岁，你应该站在我和大卫中间。"亚当说。

| 萨莉 | 亚当 | 利蒂西娅 | 塔尼娅 |
| 9 | 11 | 13 | 15 |

27

"1、2、3，一起喊'茄子'！"豪伊叔叔说，"嗨，萨莉，笑一笑！"

除了萨莉，大家
全都大声喊起来。

萨利突然喊道。

就在豪伊叔叔按下快门时，邦佐正好跳进萨莉怀中。
豪伊叔叔非常无奈，一句话也说不出来。
"邦佐！"萨莉开心地说，"你也被拍进照片了！"

31

写给家长和孩子

　　《1、2、3，茄子》中所涉及的数学概念是将数字按顺序排列。这一概念不仅有助于培养数感，提高数数能力，还可以为孩子理解位值的概念打下基础。

　　对于《1、2、3，茄子》中所呈现的数学概念，如果你们想从中获得更多乐趣，有以下几条建议：

　　1. 和孩子一起读故事，并讨论豪伊叔叔在拍照前怎样让孩子们按年龄排队。

　　2. 豪伊叔叔还可以按其他方式让孩子们排队——例如，按照身高或者名字的首字母顺序。家长可以引导孩子探索其他排列方式。

　　3. 让孩子画一些代表自家亲戚的头像，剪下这些头像，让孩子按他们的年龄从小到大排列。

　　4. 在卡片上分别写下数字 1~15。打乱卡片，并从中随意取出一张，但不要让孩子看到，然后让孩子推断拿走的卡片是哪一张。

　　5. 如果你是按顺序数数，得到的数列是有规律的。例如，3 比 2 大 1，4 比 3 大 1。和孩子一起讨论，看看他能否发现规律，即每个数字都比前一个大 1。

如果你想将本书中的数学概念扩展到孩子的生活中，可以参考以下这些游戏活动：

1. 玩具排队：让孩子先挑选 1 个玩具（例如泰迪熊），接着挑选 2 个其他种类的玩具（例如布娃娃），再挑选 5 个其他种类的玩具（例如积木），以此类推，每种选多少个可以由自己决定。最后，和孩子一起，把选出来的玩具按照数量从少到多进行排序。

2. 纸牌游戏：取一副扑克牌，拿掉大王、小王以及所有的 10、J、Q、K。洗牌后，每人每次抓 2 张牌，用拿到的扑克牌组成一个两位数。例如，拿到 A 和 9 的玩家可以组成 19 或 91。组成的数字最小的玩家赢得其他玩家手中的扑克牌。所有扑克牌抓完后，手中扑克牌最多的玩家获胜。

3. 运动员排队：让孩子把他喜欢的球队的球员进行排序，你可以从报纸或球队官网上找到这些球员的球衣号码。让孩子根据球衣号码给球员排队。

洛克数学启蒙

1

《虫虫大游行》	比较
《超人麦迪》	比较轻重
《一双袜子》	配对
《马戏团里的形状》	认识形状
《虫虫爱跳舞》	方位
《宇宙无敌舰长》	立体图形
《手套不见了》	奇数和偶数
《跳跃的蜥蜴》	按群计数
《车上的动物们》	加法
《怪兽音乐椅》	减法

2

《小小消防员》	分类
《1、2、3，茄子》	数字排序
《酷炫 100 天》	认识 1~100
《嘀嘀，小汽车来了》	认识规律
《最棒的假期》	收集数据
《时间到了》	认识时间
《大了还是小了》	数字比较
《会数数的奥马利》	计数
《全部加一倍》	倍数
《狂欢购物节》	巧算加法

3

《人人都有蓝莓派》	加法进位
《鲨鱼游泳训练营》	两位数减法
《跳跳猴的游行》	按群计数
《袋鼠专属任务》	乘法算式
《给我分一半》	认识对半平分
《开心嘉年华》	除法
《地球日，万岁》	位值
《起床出发了》	认识时间线
《打喷嚏的马》	预测
《谁猜得对》	估算

4

《我的比较好》	面积
《小胡椒大事记》	认识日历
《柠檬汁特卖》	条形统计图
《圣代冰激凌》	排列组合
《波莉的笔友》	公制单位
《自行车环行赛》	周长
《也许是开心果》	概率
《比零还少》	负数
《灰熊日报》	百分比
《比赛时间到》	时间

MathStart®
洛克数学启蒙❷

酷炫100天

[美]斯图尔特·J.墨菲　文　　　[美]约翰·本多尔-布鲁内洛　图　　　漆仰平　译

认识1~100

海峡出版发行集团 福建少年儿童出版社
THE STRAITS PUBLISHING & DISTRIBUTING GROUP | FUJIAN CHILDREN'S PUBLISHING HOUSE

献给超级酷的老师凯茜·库恩。她可不止酷炫100天，而是年年如此。

——斯图尔特·J.墨菲

送给我的"酷"侄女卡梅利娅（尽管她早已超龄，不适合看这本书了），也一如既往地送给我可爱的妻子蒂齐亚娜。

——约翰·本多尔–布鲁内洛

100 DAYS OF COOL

Text Copyright © 2004 by Stuart J. Murphy

Illustration Copyright © 2004 by John Bendall-Brunello

Published by arrangement with HarperCollins Children's Books, a division of HarperCollins Publishers through Bardon-Chinese Media Agency

Simplified Chinese translation copyright © 2023 by Look Book (Beijing) Cultural Development Co., Ltd.

ALL RIGHTS RESERVED

著作权合同登记号：图字 13-2023-038号

图书在版编目（CIP）数据

洛克数学启蒙. 2. 酷炫100天 / (美) 斯图尔特·J.墨菲文；(美) 约翰·本多尔-布鲁内洛图；漆仰平译 . -- 福州：福建少年儿童出版社, 2023.9
ISBN 978-7-5395-8096-8

Ⅰ.①洛… Ⅱ.①斯… ②约… ③漆… Ⅲ.①数学 - 儿童读物 Ⅳ.①O1-49

中国国家版本馆CIP数据核字(2023)第005831号

LUOKE SHUXUE QIMENG 2 · KUXUAN 100 TIAN

洛克数学启蒙2·酷炫100天

著　者：[美]斯图尔特·J.墨菲 文　[美]约翰·本多尔–布鲁内洛 图　漆仰平 译
出版人：陈远　出版发行：福建少年儿童出版社　http://www.fjcp.com　e-mail:fcph@fjcp.com　社址：福州市东水路76号17层（邮编：350001）
选题策划：洛克博克 责任编辑：曾亚真 助理编辑：赵芷晴 特约编辑：刘丹亭 美术设计：翠翠 电话：010-53606116（发行部） 印刷：北京利丰雅高长城印刷有限公司
开　本：889毫米×1092毫米 1/16　印张：2.5　版次：2023年9月第1版　印次：2023年9月第1次印刷　ISBN 978-7-5395-8096-8　定价：24.80元

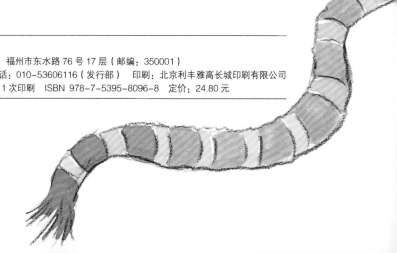

酷炫100天

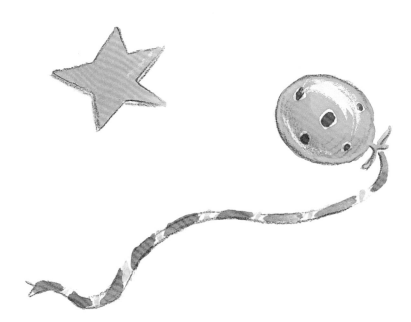

"嗨！你们几个怎么打扮得怪怪的？"托比问。

今天是开学第 1 天。玛吉、内森、耀西、斯科特，每个人的衣着都很夸张。

4

60   70   80   90   100

5

"你没听说吗？"玛吉说，"新来的洛佩斯老师要让全班庆祝'酷炫100天'。所以我们尽量穿得酷些。"

"不是'酷炫'，"托比说，"是'苦学'！"

"哦，天哪，"斯科特抱怨道，"别管玛吉犯的错了。"

"我们现在根本没时间回家换衣服了。"耀西说。

"管他呢，那就这样吧。"内森说。

当 4 个打扮超酷的孩子走进教室时，洛佩斯老师简直不敢相信自己的眼睛。

"酷炫第 1 天，我们准备好啦。"内森宣布。

"酷炫第 1 天？"洛佩斯老师一头雾水。"噢，我明白了！好主意！如果你们能再坚持 99 天，咱们就开个酷炫派对来庆祝。你们能做到吗？"

"一言为定！"玛吉高喊。其他 3 人表示赞同。

9

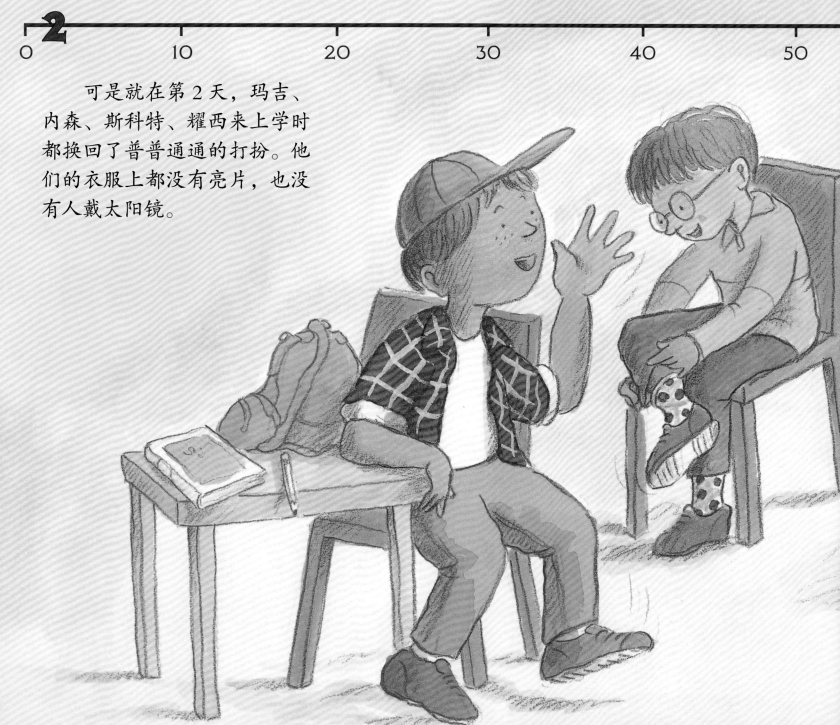

可是就在第 2 天，玛吉、内森、斯科特、耀西来上学时都换回了普普通通的打扮。他们的衣服上都没有亮片，也没有人戴太阳镜。

"怎么啦？"托比嘲笑道，"你们这就放弃了？"

"第 2 天，我们依然酷炫。"耀西说这话的时候，4 人同时把牛仔裤往上提。

"好酷的袜子！"教室后排有人喊。

哈！他们还得坚持 98 天呢！

11

一天又一天，酷炫四人组坚持不懈。

第 5 天，他们装饰了自行车。

第 8 天，他们每人在黑板上写下自己最喜欢的 8 个笑话。

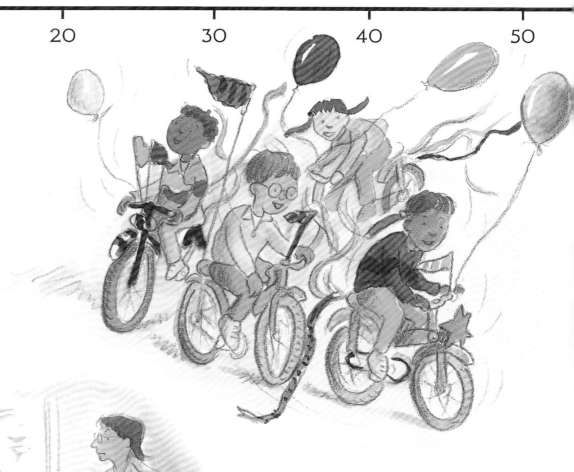

第 10 天，他们酷得很特别——4 个人穿着 20 世纪 70 年代生产的衣服来上学。

不过，有些创意让他们酷不起来。

第 17 天，酷炫四人组努力倒着走一整天，结果苦不堪言。

第 21 天，他们把运动短裤套在长裤外面。玛吉的妈妈差一点儿没放她出门。

60   70   80   90   100

第 25 天，他们 4 个染了头发，一人一种颜色。

酷是真酷，可洗掉颜色的时候他们吃尽了苦头。

不错，完成 25 天。

可是还剩下漫长的 75 天呢。

第 33 天，酷孩子们在脸上贴了闪闪发光的东西。

第 41 天，他们宣布，放学后去"橡树山老人院"做志愿者，为老人们读书。

"这样太酷了！"洛佩斯老师赞美道。

第 49 天，他们穿着各式黑白拼接衬衫。
"我们就要成功了！"他们信心十足地喊。

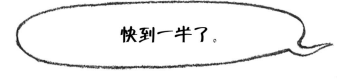

快到一半了。

17

可是，他们想不出第 50 天
该怎么扮酷了。4 个人坐在食堂
讨论起来。

"想想嘛，玛吉，"耀西说，
"你的点子最多了。"

"我什么都想不出来了。"
玛吉说。

"金鱼怎么样？"内森提议，
"金鱼很酷。"

"金鱼有什么酷的？"斯科
特不以为然。

托比正巧路过，听到了 4 人的谈话。

"我就知道你们完不成！"他说，"连一半还没到呢。"

罗莎也在附近。"你们不能现在就放弃，"她说，"我们离派对差不多只剩一半的时间了！嘿，各位！来帮他们想想创意吧！"

班里所有同学都过来了。耀西做了记录。很快，她就列出了长长的清单。

第50天，四人组戴上了围巾和分指手套。他们说这是"冷"酷。

第75天，他们努力说了一整天西班牙语。

第82天，他们各自戴上了用自己最喜欢的食物做成的帽子。
"酷毙了！"托比一边感叹，一边偷偷拿了块巧克力饼干。

他们还需要将近 **20** 个新点子呢。

第 99 天，他们每人带来了 99 样东西。

"你们明天打算来点什么？"罗莎问。
"好吧，我来告诉你，"玛吉说，"哈，
其实我是不会说的，否则就没有惊喜了。"

25

第 100 天，当酷炫四人组到达学校时，全班同学都已经等在那儿了。

耀西裹在硬纸板里。斯科特身上套着塑料垃圾袋。玛吉和内森穿着爸妈的雨衣。4 个人从头到脚都被裹住了。

"准备好！"玛吉发令，"1……2……"

真不敢相信，他们竟然办到了。

27

"……3！"
4 人同时甩掉外套。
全班欢呼起来。
他们成功做到了酷炫 100 天！

29

　　洛佩斯老师端出食物，酷炫派对开始了。
可是，斯科特一副不太开心的样子。
　　"怎么了，斯科特？"洛佩斯老师问。

30

"唉，明天我们该做
些什么呢？"斯科特说，
"游戏结束了。"

　　《酷炫 100 天》中所涉及的数学概念是数字 1 到 100。在孩子熟悉进位制的过程中，100 对他们来说是一个重要的标志性数字。许多学校都设有百日庆典，来庆祝孩子们终于学完了数字 1 到 100。

　　对于《酷炫 100 天》中所呈现的数学概念，如果你们想从中获得更多乐趣，有以下几条建议：

　　1. 一边读故事一边给孩子指出数轴。说说这一天是第几天，还有多少天就到 100 天了。

　　2. 在一张又细又长的纸上画一个类似书中所示的数轴，然后将数轴对折，再对折。从折痕上可以看出，第 25 天在数轴的 $\frac{1}{4}$ 处，第 50 天在数轴的 $\frac{1}{2}$ 处，第 75 天在数轴的 $\frac{3}{4}$ 处。

　　3. 用一种圆圈形状的食物（比如水果谷物圈）做一条有 100 个圈的项链，每 10 个为一组，每一组采用同一种颜色（例如，10 个橙色、10 个黄色这样轮换）。数一数这条项链一共包含多少组。

　　4. 和孩子一起看日历。以 1 月 1 日为开端，找到这一年的第 100 天。你和孩子可以各自猜一猜，这一天会在几月，是星期几，看看是谁猜对了。再用同样的方法，从今天或者孩子的生日开始算，找到下一个 100 天。

如果你想将本书中的数学概念扩展到孩子的日常生活中，可以参考以下这些游戏活动：

　　1. 100 件收藏品：试着开始收藏 100 件东西。例如硬币、弹珠或纽扣。

　　2. 多米诺小火车：给孩子一套多米诺骨牌，让孩子用点数之和为 100 的多米诺骨牌来搭一辆小火车（或是将它们排列成行）。看看孩子能搭出多少辆小火车。

　　3. 硬币分组：取 100 枚硬币，将它们分组。每组必须有相同数量的硬币，而且每组的硬币数量不得少于 3 枚或多于 15 枚。让孩子试试可以用多少种不同的方法将硬币进行分组，并且不会有剩余的硬币呢。

《虫虫大游行》	比较
《超人麦迪》	比较轻重
《一双袜子》	配对
《马戏团里的形状》	认识形状
《虫虫爱跳舞》	方位
《宇宙无敌舰长》	立体图形
《手套不见了》	奇数和偶数
《跳跃的蜥蜴》	按群计数
《车上的动物们》	加法
《怪兽音乐椅》	减法

《小小消防员》	分类
《1、2、3，茄子》	数字排序
《酷炫 100 天》	认识 1~100
《嘀嘀，小汽车来了》	认识规律
《最棒的假期》	收集数据
《时间到了》	认识时间
《大了还是小了》	数字比较
《会数数的奥马利》	计数
《全部加一倍》	倍数
《狂欢购物节》	巧算加法

《人人都有蓝莓派》	加法进位
《鲨鱼游泳训练营》	两位数减法
《跳跳猴的游行》	按群计数
《袋鼠专属任务》	乘法算式
《给我分一半》	认识对半平分
《开心嘉年华》	除法
《地球日，万岁》	位值
《起床出发了》	认识时间线
《打喷嚏的马》	预测
《谁猜得对》	估算

《我的比较好》	面积
《小胡椒大事记》	认识日历
《柠檬汁特卖》	条形统计图
《圣代冰激凌》	排列组合
《波莉的笔友》	公制单位
《自行车环行赛》	周长
《也许是开心果》	概率
《比零还少》	负数
《灰熊日报》	百分比
《比赛时间到》	时间

MathStart®

洛克数学启蒙❷

MathStart®

洛克数学启蒙❷

[美]斯图尔特·J. 墨菲　文　　[美]克里斯·德马雷斯特　图　　吕竞男　译

海峡出版发行集团 | 福建少年儿童出版社
THE STRAITS PUBLISHING & DISTRIBUTING GROUP | FUJIAN CHILDREN'S PUBLISHING HOUSE

嘀嘀，小汽车来了

认识规律

献给克丽斯廷和阿尼——用亲亲和抱抱走向美好的未来。

        ——斯图尔特·J.墨菲

献给伊桑。

        ——克里斯·德马雷斯特

著作权合同登记号：图字 13-2023-038号

图书在版编目（CIP）数据

洛克数学启蒙. 2. 嘀嘀，小汽车来了 / (美) 斯图尔特·J.墨菲文 ; (美) 克里斯·德马雷斯特图 ; 吕竞男译. -- 福州 : 福建少年儿童出版社, 2023.9
  ISBN 978-7-5395-8097-5

Ⅰ.①洛… Ⅱ.①斯… ②克… ③吕… Ⅲ.①数学-儿童读物 Ⅳ.①O1-49

中国国家版本馆CIP数据核字(2023)第005307号

LUOKE SHUXUE QIMENG 2 · DIDI, XIAOQICHE LAI LE

洛克数学启蒙2·嘀嘀，小汽车来了

著　　者：[美]斯图尔特·J.墨菲　文　[美]克里斯·德马雷斯特　图　吕竞男　译
出 版 人：陈远　出版发行：福建少年儿童出版社　http://www.fjcp.com　e-mail:fcph@fjcp.com　社址：福州市东水路76号17层（邮编：350001）
选题策划：洛克博克　责任编辑：曾亚真　助理编辑：赵芷晴　特约编辑：刘丹亭　美术设计：翠翠　电话：010-53606116（发行部）　印刷：北京利丰雅高长城印刷有限公司
开　　本：889毫米×1092毫米　1/16　印张：2.5　版次：2023年9月第1版　印次：2023年9月第1次印刷　ISBN 978-7-5395-8097-5　定价：24.80元

嘀！嘀！ 黄色汽车的喇叭震天响。

鸣！鸣！ 红色汽车跑得飞快。

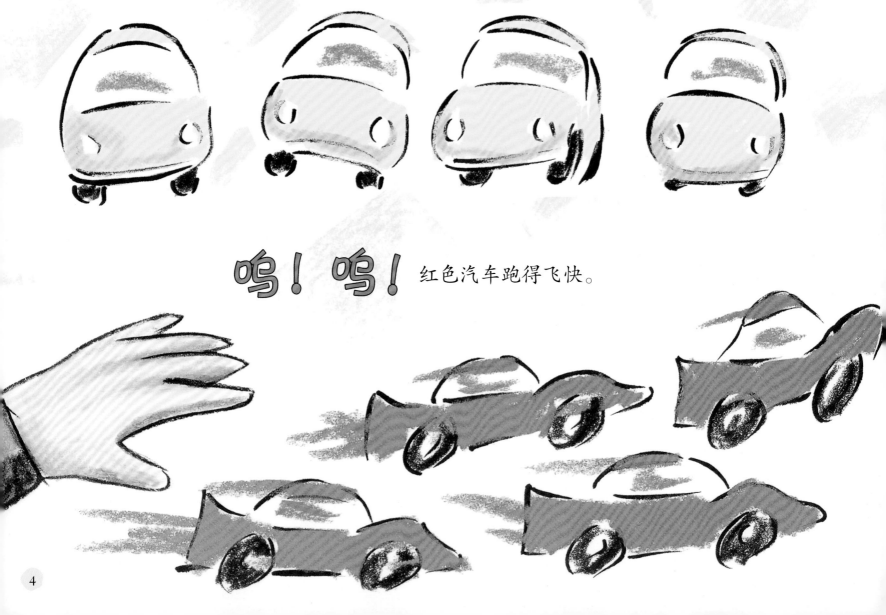

4

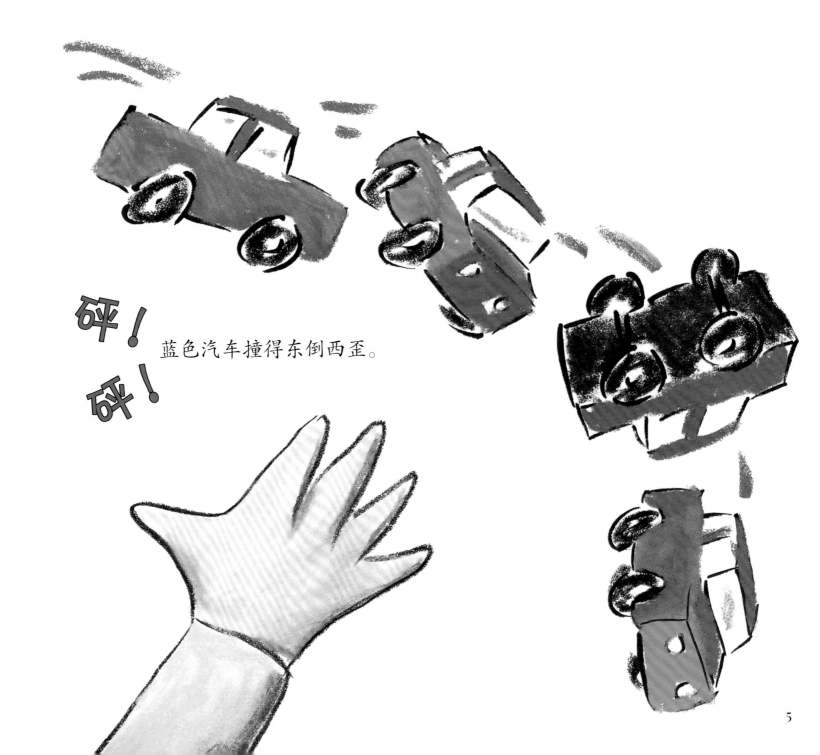

砰！
砰！

蓝色汽车撞得东倒西歪。

5

"汽车好玩吧！"凯文得意地说，"不过大孩子才能玩。"
"我喜欢汽车！"莫莉十分羡慕。
"你太小了，玩不了我的汽车。"凯文拒绝道。

"凯文，"妈妈大声喊着，"今天轮到你来摆餐具了。"
"来啦，妈妈。"凯文不情愿地回答道。他仔仔细细地把
所有汽车放回架子上，排成一条线。

"我一会儿就回来，"凯文警告莫莉说，"不许把我的汽车弄乱，所有汽车的位置必须跟现在一模一样。"

莫莉老老实实地守在一旁，直到凯文走下楼梯。
然后……

呜！
呜！

红色汽车跑得飞快。

嘀！
嘀！

黄色汽车的喇叭震天响。

砰！
砰！

蓝色汽车撞得东倒西歪。

爸爸听到楼上不停传出"呜呜""砰砰""嘀嘀"的响动。
　　"莫莉，"爸爸说，"你应该知道，没有得到凯文的允许，
你不能随便玩他的汽车。凯文总喜欢按他的方式来给汽车排队。
来，咱们一起把汽车放回原来的位置，好吗？"

莫莉乖乖地守在一旁，直到爸爸走下楼梯。
然后……

砰！
砰！

蓝色汽车撞得东倒西歪。

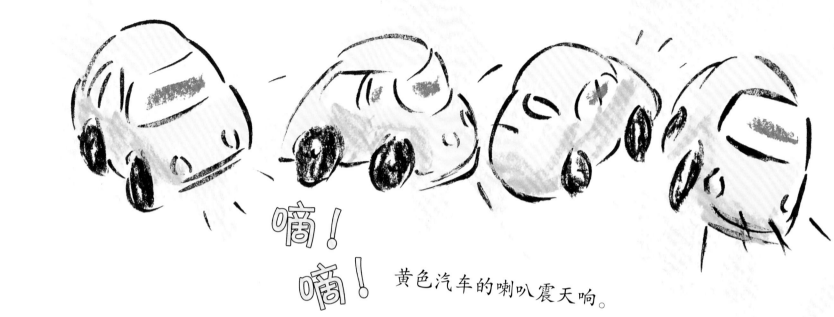

嘀！
嘀！ 黄色汽车的喇叭震天响。

呜！
呜！ 红色汽车跑得飞快。

这次，是妈妈听到了"呜呜""砰砰""嘀嘀"的声音。
"哎呀，莫莉，"妈妈无奈地说，"你把凯文的汽车全都
弄乱了。快来，帮我把它们按凯文的方式放回去，好吗？"

莫莉静静地守在一旁，直到妈妈走下楼梯。
然后……

嘀嘀！
嘀嘀！

黄色汽车的喇叭震天响。

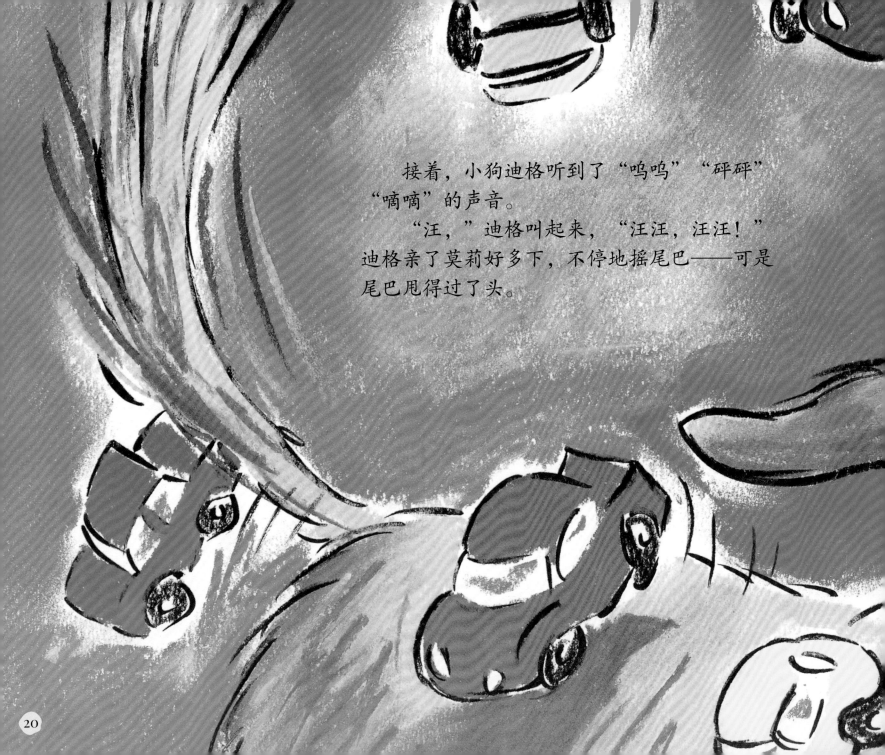

接着，小狗迪格听到了"呜呜""砰砰"
"嘀嘀"的声音。
"汪，"迪格叫起来，"汪汪，汪汪！"
迪格亲了莫莉好多下，不停地摇尾巴——可是
尾巴甩得过了头。

"莫莉！"凯文的声音从厨房里传来，"你最好老实点，不要再玩我的汽车！我这就上楼啦！"

莫莉飞快地把汽车放回架子上。

她听到凯文的脚步声越来越近。
莫莉看了看汽车，好像有点不太对劲。她迅速把它们重新排了一遍。

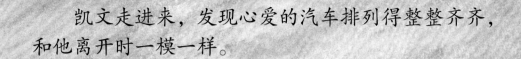

凯文走进来，发现心爱的汽车排列得整整齐齐，和他离开时一模一样。

呜！ 呜！　　红色汽车跑得飞快。

嘀！ 嘀！　　黄色汽车的喇叭震天响。

砰！ 砰！　　蓝色汽车撞得东倒西歪。

"莫莉，等你再长大一点，就可以和我一起玩汽车了。"凯文说。

　　"莫莉，给你一个惊喜！"妈妈笑眯眯地站在门口，"我们原本打算，等你过生日的时候再给你买小汽车，不过，现在看来你已经长大，可以拥有这些新玩具了。"

　　看见漂亮的新汽车，莫莉开心地笑起来。

　　不一会儿……

嘀！嘀！　　绿色汽车的喇叭震天响。　　呜！呜！　　紫色汽车跑得飞快。

砰！砰！

31

写给家长和孩子

《嘀嘀，小汽车来了》中所涉及的数学概念是将物体按照某种特定的、可预测的规律进行排列。识别和运用排列规律对逻辑思维的发展非常重要。

对于《嘀嘀，小汽车来了》中所呈现的数学概念，如果你们想从中获得更多乐趣，有以下几条建议：

1. 和孩子一起读故事，让孩子找出莫莉排列汽车的规律，可以根据汽车的颜色或者类型来寻找规律。

2. 再次阅读故事，鼓励孩子将玩具汽车或者彩色积木按照不同规律排列。

3. 故事中的汽车是按照颜色和类型分类排列的。除此之外，你能依据汽车喇叭发出的不同声音总结出新规律吗？

4. 让孩子将自己床上的毛绒玩具、洋娃娃或其他玩具以不同的规律排列。数一数，共有多少种不同的排列方式（例如，"大——小——大"）。

5. 把硬币按照规律排列，例如，"1角——1角——5角——1角——1角——5角"，或者"1角——5角——1角——1角——5角——1角"，并且向孩子提问："下一个硬币该是什么呢？"引导孩子继续按照规律排列出更多硬币。你们还可以尝试其他规律,例如,"5角——1角——1角"或"1角——1角——5角——5角"。

如果你想将本书中的数学概念扩展到孩子的日常生活中，可以参考以下这些游戏活动：

1. 厨房游戏：按照一定规律摆放刀、叉和勺。先让孩子描述他找到的规律，再按照规律重复摆放一两轮。

2. 规律游戏：收集一些石子等小物件。让第一位玩家排出一种规律（例如"1 颗——2 颗——1 颗——3 颗"），第二位玩家接着继续摆放。接下来，第二位玩家排出一种规律，然后让第一位玩家继续摆放。

3. 纽扣游戏：找来纽扣等小物件，按照"2 颗——4 颗——6 颗——8 颗……"的规律进行排列。问问孩子，他能否按照这个规律继续进行排列。帮助孩子理解这种新规律：尽管没有重复，但仍然可以预测后续的情况，因为每组纽扣的数量比前一组多 2 个。

洛克数学启蒙

1

《虫虫大游行》	比较
《超人麦迪》	比较轻重
《一双袜子》	配对
《马戏团里的形状》	认识形状
《虫虫爱跳舞》	方位
《宇宙无敌舰长》	立体图形
《手套不见了》	奇数和偶数
《跳跃的蜥蜴》	按群计数
《车上的动物们》	加法
《怪兽音乐椅》	减法

2

《小小消防员》	分类
《1、2、3，茄子》	数字排序
《酷炫 100 天》	认识 1~100
《嘀嘀，小汽车来了》	认识规律
《最棒的假期》	收集数据
《时间到了》	认识时间
《大了还是小了》	数字比较
《会数数的奥马利》	计数
《全部加一倍》	倍数
《狂欢购物节》	巧算加法

3

《人人都有蓝莓派》	加法进位
《鲨鱼游泳训练营》	两位数减法
《跳跳猴的游行》	按群计数
《袋鼠专属任务》	乘法算式
《给我分一半》	认识对半平分
《开心嘉年华》	除法
《地球日，万岁》	位值
《起床出发了》	认识时间线
《打喷嚏的马》	预测
《谁猜得对》	估算

4

《我的比较好》	面积
《小胡椒大事记》	认识日历
《柠檬汁特卖》	条形统计图
《圣代冰激凌》	排列组合
《波莉的笔友》	公制单位
《自行车环行赛》	周长
《也许是开心果》	概率
《比零还少》	负数
《灰熊日报》	百分比
《比赛时间到》	时间

MathStart®
洛克数学启蒙 ❷

洛克数学启蒙②

最棒的假期

[美]斯图尔特·J.墨菲 文　　[美]娜丁·伯纳德·韦斯科特 图

易若是 译

收集数据

海峡出版发行集团 | 福建少年儿童出版社
THE STRAITS PUBLISHING & DISTRIBUTING GROUP | FUJIAN CHILDREN'S PUBLISHING HOUSE

献给琳赛和尼娜，她们总能与我分享一些史上最棒的主意。

——斯图尔特·J.墨菲

献给贝琪。

——娜丁·伯纳德·韦斯科特

THE BEST VACATION EVER

Text Copyright © 1997 by Stuart J. Murphy

Illustration Copyright © 1997 by Nadine Bernard Westcott

Published by arrangement with HarperCollins Children's Books, a division of HarperCollins Publishers through Bardon-Chinese Media Agency

Simplified Chinese translation copyright © 2023 by Look Book (Beijing) Cultural Development Co., Ltd.

ALL RIGHTS RESERVED

著作权合同登记号：图字 13-2023-038号

图书在版编目（CIP）数据

洛克数学启蒙. 2.最棒的假期 / (美) 斯图尔特·J.墨菲文；(美) 娜丁·伯纳德·韦斯科特图；易若是译. -- 福州：福建少年儿童出版社, 2023.9
　ISBN 978-7-5395-8098-2

　Ⅰ.①洛… Ⅱ.①斯… ②娜… ③易… Ⅲ.①数学 - 儿童读物 Ⅳ.①O1-49

中国国家版本馆CIP数据核字(2023)第005832号

LUOKE SHUXUE QIMENG 2 · ZUIBANG DE JIAQI
洛克数学启蒙2·最棒的假期

著　　者：[美]斯图尔特·J.墨菲 文 [美]娜丁·伯纳德·韦斯科特 图 易若是 译
出 版 人：陈远　出版发行：福建少年儿童出版社 http://www.fjcp.com e-mail:fcph@fjcp.com 社址：福州市东水路76号17层（邮编：350001）
选题策划：洛克博克 责任编辑：曾亚真 助理编辑：赵芷晴 特约编辑：刘丹亭 美术设计：翠翠 电话：010-53606116（发行部） 印刷：北京利丰雅高长城印刷有限公司
开　　本：889毫米×1092毫米 1/16 印张：2.5 版次：2023年9月第1版 印次：2023年9月第1次印刷 ISBN 978-7-5395-8098-2 定价：24.80元

最棒的假期

4

我们一家人忙忙碌碌，
总是在急匆匆地赶路。

妈妈这才刚进门，

爸爸就要外出了。

查理跟伙伴总有事干，

8

奶奶从不懂什么是悠闲。

9

我们都需要一个轻松的假期，

但又不知道该去哪里。

也许我可以做个调查，

然后把答案记在这里。

让我们一起列些表格，

它会告诉我们最终结果。

妈妈

爸爸

奶奶

要不要选个温暖的地方？

要不要去个远一点儿的地方？

19

要不要去个热闹的地方?

要不要带上毛毛一起去？

	暖和	凉爽
妈妈		✓
爸爸	✓	
奶奶	✓	
查理	✓	
我	✓	
	④	1

24

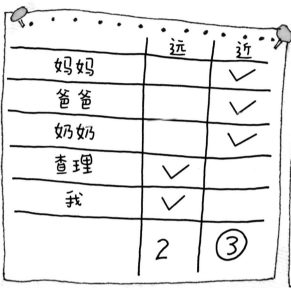

	远	近
妈妈		✓
爸爸		✓
奶奶		✓
查理	✓	
我	✓	
	2	③

	热闹	安静
妈妈		✓
爸爸		✓
奶奶	✓	
查理	✓	
我	✓	
	③	2

	不带毛毛	带毛毛
妈妈		✓
爸爸	✓	
奶奶		✓
查理		✓
我		✓
	1	④

大家的选择已经统计完毕，
现在该确定我们要去哪里。

看完表格的统计结果，

我知道哪里才是最棒的场所！

温暖

近

热闹

带毛毛

我们想要的最佳度假地点，

原来就在身边！

让我们在自家的后院，
度过最完美的一天！

写给家长和孩子

对于《最棒的假期》中所呈现的数学概念，如果你们想从中获得更多乐趣，有以下几条建议：

1. 跟孩子一起阅读故事，让孩子复述画面中的情节。聊聊书中小女孩提出的问题以及家人给出的答案。

2. 再次阅读故事，跟孩子一起讨论小女孩是怎么从表格中总结出结果的。在阅读过程中不断提问，例如："想去温暖地方的人多，还是想去凉爽地方的人多？""想去远方的人多，还是想留在近处的人多？"

3. 让孩子也试着来回答小女孩提出的问题："你想去哪儿度假呢？想去暖和的地方还是凉快的地方？想去热闹的地方还是安静的地方？"

4. 如果让你来帮助小女孩一家选择适宜的度假地点，你能设计出哪些和书中不同的问题？把这些问题写下来。然后协助孩子得到这些问题的答案，并记录在表格中。最后把这些表格汇总到一起，得出一个理想的度假地点。

5. 去和邻居聊聊天，调查一下大家的喜好。比如：人们更喜欢开哪种车——大型车还是小型车？红色车还是蓝色车？孩子们更喜欢穿哪种鞋去上学——运动鞋还是休闲鞋？深色鞋还是浅色鞋？和孩子一起把这些信息记录下来，然后总结出每个问题的答案。

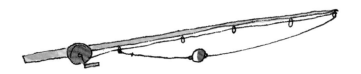

如果你想将本书中的数学概念扩展到孩子的日常生活中，可以参考以下这些游戏活动：

1. 最佳菜单：跟孩子一起计划一次野餐，让孩子来思考为了了解每位家庭成员最喜欢的食物，你要准备哪些问题？你打算怎么将表格上的信息进行归类？你能整理出一份大多数人喜欢的食物清单吗？

2. 家族成员大调查：一起做一个家族成员统计表。你们家族中，男性多还是女性多？戴眼镜的多还是不戴眼镜的多？单眼皮的多还是双眼皮的多？大多数家族成员的头发颜色都一样吗？

3. 喜欢的日子：带孩子一起制作一个图表，在表格第一行的各栏中分别填上星期一至星期日，表格最左边的一列填上朋友们的名字。让孩子询问朋友们，他最喜欢的日子是星期几。一周中，喜欢哪一天的人最多？喜欢哪一天的人最少？为什么？

洛克数学启蒙

1

《虫虫大游行》	比较
《超人麦迪》	比较轻重
《一双袜子》	配对
《马戏团里的形状》	认识形状
《虫虫爱跳舞》	方位
《宇宙无敌舰长》	立体图形
《手套不见了》	奇数和偶数
《跳跃的蜥蜴》	按群计数
《车上的动物们》	加法
《怪兽音乐椅》	减法

2

《小小消防员》	分类
《1、2、3，茄子》	数字排序
《酷炫 100 天》	认识 1~100
《嘀嘀，小汽车来了》	认识规律
《最棒的假期》	收集数据
《时间到了》	认识时间
《大了还是小了》	数字比较
《会数数的奥马利》	计数
《全部加一倍》	倍数
《狂欢购物节》	巧算加法

3

《人人都有蓝莓派》	加法进位
《鲨鱼游泳训练营》	两位数减法
《跳跳猴的游行》	按群计数
《袋鼠专属任务》	乘法算式
《给我分一半》	认识对半平分
《开心嘉年华》	除法
《地球日，万岁》	位值
《起床出发了》	认识时间线
《打喷嚏的马》	预测
《谁猜得对》	估算

4

《我的比较好》	面积
《小胡椒大事记》	认识日历
《柠檬汁特卖》	条形统计图
《圣代冰激凌》	排列组合
《波莉的笔友》	公制单位
《自行车环行赛》	周长
《也许是开心果》	概率
《比零还少》	负数
《灰熊日报》	百分比
《比赛时间到》	时间

MathStart®
洛克数学启蒙❷

时间到了

[美]斯图尔特·J.墨菲 文　　　[美]约翰·斯皮尔斯 图　　　漆仰平 译

海峡出版发行集团　福建少年儿童出版社
THE STRAITS PUBLISHING & DISTRIBUTING GROUP | FUJIAN CHILDREN'S PUBLISHING HOUSE

认识时间

送给贾斯廷，他的每时每刻都充满了快乐。

——斯图尔特·J.墨菲

献给布罗迪、杰玛和丹尼斯。

——约翰·斯皮尔斯

著作权合同登记号：图字 13-2023-038号

图书在版编目（CIP）数据

洛克数学启蒙. 2 时间到了 / (美) 斯图尔特·J.墨菲文；(美) 约翰·斯皮尔斯图；漆仰平译. -- 福州：福建少年儿童出版社, 2023.9
  ISBN 978-7-5395-8099-9

Ⅰ.①洛… Ⅱ.①斯… ②约… ③漆… Ⅲ.①数学 - 儿童读物 Ⅳ.①O1-49

中国国家版本馆CIP数据核字(2023)第005833号

LUOKE SHUXUE QIMENG 2 · SHIJIAN DAO LE
洛克数学启蒙2·时间到了

著　　者：[美] 斯图尔特·J.墨菲 文 [美] 约翰·斯皮尔斯 图 漆仰平 译
出 版 人：陈远　出版发行：福建少年儿童出版社 http://www.fjcp.com　e-mail:fcph@fjcp.com　社址：福州市东水路76号17层（邮编：350001）
选题策划：洛克博克　责任编辑：曾亚真　助理编辑：赵芷晴　特约编辑：刘丹亭　美术设计：翠翠　电话：010-53606116（发行部）　印刷：北京利丰雅高长城印刷有限公司
开　　本：889 毫米 ×1092 毫米　1/16　印张：2.5　版次：2023 年 9 月第 1 版　印次：2023 年 9 月第 1 次印刷　ISBN 978-7-5395-8099-9　定价：24.80 元

时间到了

7:00 A.M.

起床时间到——伸个大大的懒腰。

4

上学时间到——快点！快点！

学习时间到。

10:00 A.M.

这是和朋友一起玩耍的时间。

现在是放学回家的时间。

现在是正午。"午饭时间到啦。"

1:00 P.M.

故事时间——我最喜欢的时间。

10

对我来说，接下来是安静时间。

3:00 P.M.

很快就到了跑跑跳跳的时间。

荡高高的时间。

4:00 P.M.

帮助大人做家务的时间。我尽力了。

5:00 P.M.

晚饭时间到了——噢，讨厌，是豌豆！

15

7:00 P.M.

现在是洗澡时间，可我身上不脏啊！

接下来是睡觉时间，可我一点儿也不困！

9:00 P.M.

关灯了。四周漆黑一片！

可怕的黑影悄悄地爬过来。

10:00 P.M.

19

11:00 P.M.

我的怪兽朋友会保护我。

20

现在是午夜——他来了！

我的怪兽朋友还带来了很多好伙伴。

1:00 A.M.

"聚会时间到！"他们大喊大叫。

2:00 A.M.

拍拍手，跳跳舞，转个圈，摇呀摇。

3:00 A.M.

24

爬爬跳跳！跌跌撞撞！

4:00 A.M.

到了你们离开的时间啦！

5:00 A.M.

26

现在是温暖舒服的被窝时间。

6:00 A.M.

起床时间到——伸个大大的懒腰。

新的一天开始了。

`7:00 A.M.`

`8:00 A.M.`

`9:00 A.M.`

`10:00 A.M.`

`3:00 P.M.`

`4:00 P.M.`

`5:00 P.M.`

`6:00 P.M.`

`11:00 P.M.`

`12:00`

`1:00 A.M.`

`2:00 A.M.`

11:00 A.M.

12:00

1:00 P.M.

2:00 P.M.

7:00 P.M.

8:00 P.M.

9:00 P.M.

10:00 P.M.

3:00 A.M.

4:00 A.M.

5:00 A.M.

6:00 A.M.

　　《时间到了》中所涉及的数学概念是认识时间。认识数字钟表和有长短针的时钟，是日常生活中的一项重要技能。掌握这一技能的第一步是学会认识整点时间，理解时间的流逝。

　　对于《时间到了》中所呈现的数学概念，如果你们想从中获得更多乐趣，有以下几条建议：

　　1. 向孩子解释一天有 24 个小时，而表盘上只有 12 个数字，从凌晨 0 点到晚上 12 点，时钟的时针要走两圈。

　　2. 重读故事之前，给孩子找一个有长短针的时钟和一个只显示数字的时钟，并解释它们分别是如何表示时间的。接下来，在家里再找找其他不同类型的时钟。

　　3. 当你和孩子一起读故事的时候，把有长短针的时钟放在身边。这样，孩子就可以移动钟面上的指针来对应故事里的时间。

　　4. 让孩子在纸上画出时钟表盘，分别表示出他起床、上学、吃晚饭和睡觉的时间。在每个表盘旁边写上数字时间，比如上午 7:00。

　　5. 告诉孩子一个时间，比如下午 5:00，问问孩子一个小时后将是几点，或者一小时前是几点。

如果你想将本书中的数学概念扩展到孩子的日常生活中，可以参考以下这些游戏活动：

1. 画出时间：让孩子画一张画，展示自己在一天中的不同时间里所做的各种活动，帮助孩子把时间写在每张画上。

2. 电视时间：打印一张电视节目表，让孩子找到他最喜欢的节目，聊聊每个节目开始和结束的时间。

3. 现在是几点：说一项特定的活动（例如午餐或午睡），让孩子告诉你什么时候开始。如果表述正确，就换孩子来说一项活动，由你来说活动开始的时间。

4. 时钟拼贴：在杂志上找到指针位置不同或数字显示不同的时钟图片，把这些图片贴在一张卡片上。让孩子圈出显示整点时刻的图片。

洛克数学启蒙

《虫虫大游行》	比较
《超人麦迪》	比较轻重
《一双袜子》	配对
《马戏团里的形状》	认识形状
《虫虫爱跳舞》	方位
《宇宙无敌舰长》	立体图形
《手套不见了》	奇数和偶数
《跳跃的蜥蜴》	按群计数
《车上的动物们》	加法
《怪兽音乐椅》	减法

《小小消防员》	分类
《1、2、3，茄子》	数字排序
《酷炫 100 天》	认识 1~100
《嘀嘀，小汽车来了》	认识规律
《最棒的假期》	收集数据
《时间到了》	认识时间
《大了还是小了》	数字比较
《会数数的奥马利》	计数
《全部加一倍》	倍数
《狂欢购物节》	巧算加法

《人人都有蓝莓派》	加法进位
《鲨鱼游泳训练营》	两位数减法
《跳跳猴的游行》	按群计数
《袋鼠专属任务》	乘法算式
《给我分一半》	认识对半平分
《开心嘉年华》	除法
《地球日，万岁》	位值
《起床出发了》	认识时间线
《打喷嚏的马》	预测
《谁猜得对》	估算

《我的比较好》	面积
《小胡椒大事记》	认识日历
《柠檬汁特卖》	条形统计图
《圣代冰激凌》	排列组合
《波莉的笔友》	公制单位
《自行车环行赛》	周长
《也许是开心果》	概率
《比零还少》	负数
《灰熊日报》	百分比
《比赛时间到》	时间

大了还是小了

[美]斯图尔特·J.墨菲 文　　[美]大卫·T.温泽尔 图　　漆仰平 译

海峡出版发行集团　福建少年儿童出版社
THE STRAITS PUBLISHING & DISTRIBUTING GROUP　FUJIAN CHILDREN'S PUBLISHING HOUSE

送给一定会成为数学能手的内森。

——斯图尔特·J.墨菲

送给我的儿子克里斯托弗。

——大卫·T.温泽尔

MORE OR LESS

Text Copyright © 2005 by Stuart J. Murphy

Illustration Copyright © 2005 by David T. Wenzel

Published by arrangement with HarperCollins Children's Books, a division of HarperCollins Publishers through Bardon-Chinese Media Agency

Simplified Chinese translation copyright © 2023 by Look Book (Beijing) Cultural Development Co., Ltd.

ALL RIGHTS RESERVED

著作权合同登记号：图字 13-2023-038号

图书在版编目（CIP）数据

洛克数学启蒙.2.大了还是小了 / (美) 斯图尔特
·J.墨菲文 ; (美) 大卫·T.温泽尔图 ; 漆仰平译. --
福州 : 福建少年儿童出版社, 2023.9
ISBN 978-7-5395-8100-2

Ⅰ.①洛… Ⅱ.①斯… ②大… ③漆… Ⅲ.①数学 -
儿童读物 Ⅳ.①O1-49

中国国家版本馆CIP数据核字(2023)第005836号

LUOKE SHUXUE QIMENG 2 · DALE HAISHI XIAOLE

洛克数学启蒙2·大了还是小了

著　　者：[美]斯图尔特·J.墨菲　文　[美]大卫·T.温泽尔　图　漆仰平　译
出 版 人：陈远　出版发行：福建少年儿童出版社　http://www.fjcp.com　e-mail:fcph@fjcp.com　社址：福州市东水路76号17层（邮编：350001）
选题策划：洛克博克　责任编辑：曾亚真　助理编辑：赵芷晴　特约编辑：刘丹亭　美术设计：翠翠　电话：010-53606116（发行部）　印刷：北京利丰雅高长城印刷有限公司
开　　本：889 毫米 ×1092 毫米　1/16　印张：2.5　版次：2023 年 9 月第 1 版　印次：2023 年 9 月第 1 次印刷　ISBN 978-7-5395-8100-2　定价：24.80 元

肖先生在临湾小学当了好多年校长，到底有多少年，已经没几个人记得清了。现在，肖先生要退休了。

　　为了向他表示敬意，大家打算在校园里举办一场盛大的户外聚会，全体师生、大部分家长、肖先生的家人，以及附近的居民都来了。操场上摆满了游戏摊位。

"埃迪猜年龄"是其中非常受欢迎的摊位之一。如果埃迪只提问 3 次或少于 3 次就能猜出一个人的年龄，他就赢了；如果提问 4 次或 4 次以上才猜出来，玩家就会得到奖励；如果提问 6 次还没猜出来，那么埃迪就会被弹进大水缸。

埃迪的同学克拉拉也来了。她故意捏着嗓子说话，这样埃迪就不知道她是谁了。

"我敢打赌，你猜不出我的年龄。"克拉拉说。

"小于 10 吗？"埃迪问。

"对。"克拉拉说。

"大于 7 ？"

"对。"

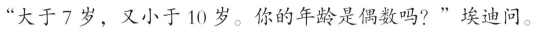

"大于 7 岁，又小于 10 岁。你的年龄是偶数吗？"埃迪问。

"不是。"克拉拉尖声说。

"那么，我猜你 9 岁。"埃迪说，"你得不到奖品啦。"

"噢。"克拉拉恢复了本来的声音，她抱怨道，"我还什么都没赢过呢。"

"去试试别的游戏吧，"埃迪说，"你永远不知道好运什么时候来——克拉拉！"

一位家长来到埃迪的摊位。她故意装出低沉又凶巴巴的声音，不过埃迪仍然能分辨出她是个成年人。埃迪想，我妈妈刚满42岁。也许我应该从这个数字猜起。

"您的年龄比 42 岁大吗？"埃迪问。

"是的。"这位女士低语。

"您过完 46 岁生日了吗？"埃迪问。
"没有。"她回答。

快来

规则

3 次提问及以内：埃迪赢！

4 次提问或更多：你获奖啦！

超过 **6** 次提问：埃迪就得进水缸！

13

"是个奇数吗？"埃迪又问。在 42 和 46 之间有两个奇数。
如果这位女士说是，埃迪就得问第 4 个问题，那奖品就要送出了。
"不是。"女士说。
"那么您是 44 岁。"埃迪说，"您得不到奖品啦。"

与此同时，克拉拉决定接受埃迪的建议。
可她的运气还是没有转变。

"很遗憾，"套圈摊位上的女士对克拉拉说，"要不你去试试投飞镖？"

一个大孩子走到埃迪的摊位前。他的声音听起来有十来岁的样子，于是埃迪问："你的年纪大于 13 岁吗？"

"是的。"男孩低声说。

"小于 15 岁吗？"

"不。"男孩回答。

这下有麻烦了，埃迪心想。
"大于20岁？"他问。
"不。"男孩说。

埃迪想，15 到 20 岁之间，可以缩小范围了。"你是 18 岁吗？"他问。

"不是。"男孩说。

"你是 17 岁？"

"你终于猜出来了。"男孩说，"但你问了 5 次。"

"选个奖品吧。"埃迪说。

"啊，太遗憾了，"男孩说，"我想看你进水缸！"

在隔壁的摊位上，克拉拉仍在努力赢取奖品。

"克拉拉，我觉得这个游戏不适合你。"负责飞镖游戏的老师说，"看——那边不是你爷爷吗？"

克拉拉抬头望去。她咧嘴一笑，朝埃迪的摊位跑去。

下一个出现在埃迪摊位上的人，声音听上去年纪有点大了。
"您超过 50 岁了吗？"埃迪问。
"是的。"这位男士说。

"小于 55 岁？"埃迪问。
"不是。"男士说。
"55 岁到 60 岁之间？"
"不是。"
"62 岁以下吗？"
"不是。"

埃迪只知道这个人至少 62 岁了。

"您小于 68 岁吗？"埃迪问。

"不是。"男士说。埃迪再提问一次就要进水缸了。

"您是 69 岁吗？"他问。

"不是！"话音刚落，埃迪就听见了克拉拉的笑声。

然后……

埃迪一边从水缸里爬出来，一边解开眼罩。"您一定
和肖先生一样大！"他边说，边抹去眼睛里的水。
　　"我就是肖先生，"老先生说，"我今年 70 岁了。"

肖先生选了整个摊位上最大的奖品，把它递给了克拉拉。
克拉拉和她的临湾海豚来了个大大的拥抱。"谢谢爷爷！"她说。

临湾

　　《大了还是小了》中所涉及的数学概念是数字比较，这是理解"大于"和"小于"概念的重要部分。本书也示范了如何有逻辑地去猜测。孩子要懂得如何分析已有信息，然后提出问题，做出"有根据的"猜测，而不是随机去猜。

　　对于《大了还是小了》中所呈现的数学概念，如果你们想从中获得更多乐趣，有以下几条建议：

　　1. 和孩子一起读故事。每次读到有人来玩猜年龄游戏的时候，让孩子预测一下，埃迪会提什么问题。在埃迪说出正确年龄时暂停一下，和孩子讨论，埃迪是如何通过这些问题得出正确答案的。

　　2. 再次阅读故事。在读到有人来玩猜年龄游戏的时候，停下来让孩子想一想，能否提出一些与埃迪不同的问题来找到答案。这将引导孩子思考问题和答案之间的关系，也让孩子明白提出正确的问题是多么重要。

　　3. 脑中想一个数字，告诉孩子它位于什么范围，例如"位于10和20之间"。孩子猜数时，你要指出每一个猜测的数字比正确答案大还是小。鼓励孩子尽量在3次以内找到答案。然后让孩子想一个数字，你来猜。孩子要告诉你，你猜测的数字比正确答案大还是小。

如果你想将本书中的数学概念扩展到孩子的日常生活中，可以参考以下这些游戏活动：

1. 神秘数字：为一个特定数字写出线索，例如：比 50 大，比 60 小，比 55 大，比 58 小，是个奇数，等等。给孩子前两个线索，让他写下所有可能的数字。接下来，将其他线索一个一个地给出来。让孩子划掉不符合条件的数字，直到孩子找到正确答案。

2. 不等式：制作 12 张卡片，每张卡片上都有一个数字和"大于"或"小于"符号，例如"<12"或">14"。再做 12 张上面只有一个数字的卡片。分别将两套卡片进行洗牌后摆成一摞，正面朝下。第一个玩家从每摞中各抽取一张，即拿出两张卡片。如果玩家可以将这两张卡片排列成能够成立的不等式，如 14<30，就保留卡片并再抽取两张。如果无法排列成可以成立的不等式，就把卡片正面朝下放回去，轮到下一个玩家重新洗牌后抽取。最后，拥有卡片数量最多的玩家获胜。

洛克数学启蒙

1

《虫虫大游行》	比较
《超人麦迪》	比较轻重
《一双袜子》	配对
《马戏团里的形状》	认识形状
《虫虫爱跳舞》	方位
《宇宙无敌舰长》	立体图形
《手套不见了》	奇数和偶数
《跳跃的蜥蜴》	按群计数
《车上的动物们》	加法
《怪兽音乐椅》	减法

2

《小小消防员》	分类
《1、2、3，茄子》	数字排序
《酷炫 100 天》	认识 1~100
《嘀嘀，小汽车来了》	认识规律
《最棒的假期》	收集数据
《时间到了》	认识时间
《大了还是小了》	数字比较
《会数数的奥马利》	计数
《全部加一倍》	倍数
《狂欢购物节》	巧算加法

3

《人人都有蓝莓派》	加法进位
《鲨鱼游泳训练营》	两位数减法
《跳跳猴的游行》	按群计数
《袋鼠专属任务》	乘法算式
《给我分一半》	认识对半平分
《开心嘉年华》	除法
《地球日，万岁》	位值
《起床出发了》	认识时间线
《打喷嚏的马》	预测
《谁猜得对》	估算

4

《我的比较好》	面积
《小胡椒大事记》	认识日历
《柠檬汁特卖》	条形统计图
《圣代冰激凌》	排列组合
《波莉的笔友》	公制单位
《自行车环行赛》	周长
《也许是开心果》	概率
《比零还少》	负数
《灰熊日报》	百分比
《比赛时间到》	时间

MathStart®
洛克数学启蒙②

妈妈的
咖啡

我的快乐
暑假

爸爸的
甜甜圈

开心的
合照

妈妈

爸爸

内尔

三叶草

内尔画

这是我，内尔

布里奇特

埃里克

可爱的
妈妈

挠痒痒的
爸爸

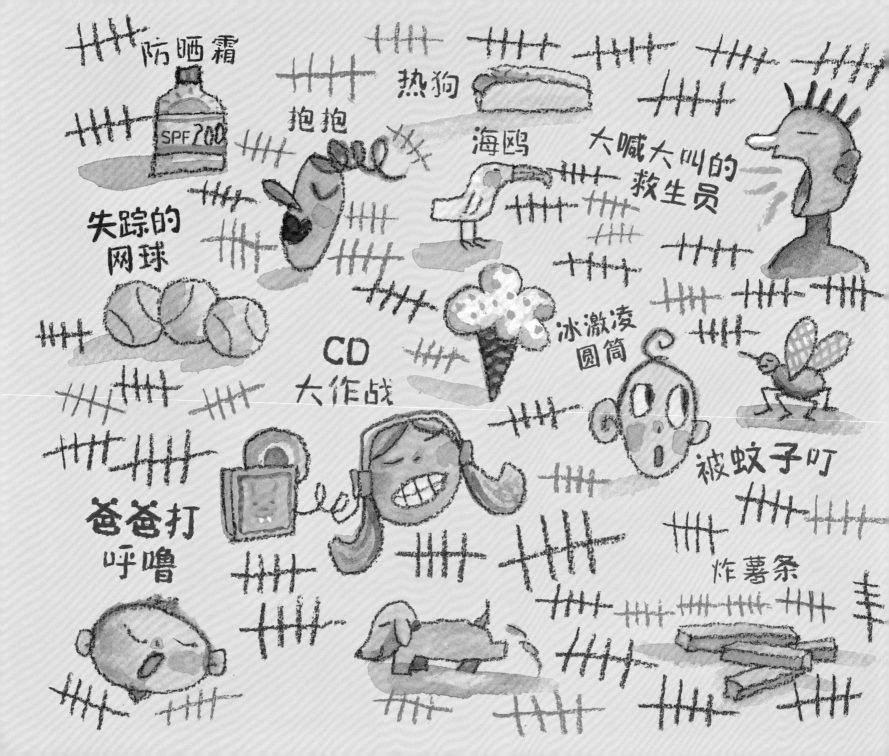

会数数的奥马利

MathStart
洛克数学启蒙❷

[美]斯图尔特·J.墨菲 文　　[美]辛西娅·贾巴 图　　吕竞男 译

海峡出版发行集团｜福建少年儿童出版社
THE STRAITS PUBLISHING & DISTRIBUTING GROUP | FUJIAN CHILDREN'S PUBLISHING HOUSE

计数

献给莫林·凯丽·墨菲和各位爱尔兰亲戚。
——斯图尔特·J.墨菲

献给我可爱的家人们。为了4723次争吵、爱和无穷。
——辛西娅·贾巴

TALLY O'MALLEY

Text Copyright © 2004 by Stuart J. Murphy

Illustration Copyright © 2004 by Cynthia Jabar

Published by arrangement with HarperCollins Children's Books, a division of HarperCollins Publishers through Bardon-Chinese Media Agency

Simplified Chinese translation copyright © 2023 by Look Book (Beijing) Cultural Development Co., Ltd.

ALL RIGHTS RESERVED

著作权合同登记号：图字 13-2023-038号

图书在版编目（CIP）数据

洛克数学启蒙.2.会数数的奥马利 / (美) 斯图尔
特·J.墨菲文；(美) 辛西娅·贾巴图；吕竞男译. --
福州：福建少年儿童出版社, 2023.9
ISBN 978-7-5395-8101-9

Ⅰ.①洛… Ⅱ.①斯…②辛…③吕… Ⅲ.①数学-
儿童读物 Ⅳ.①O1-49

中国国家版本馆CIP数据核字(2023)第005835号

LUOKE SHUXUE QIMENG 2 · HUI SHU SHU DE AOMALI
洛克数学启蒙2·会数数的奥马利

著　　者：[美]斯图尔特·J.墨菲 文 [美]辛西娅·贾巴 图 吕竞男 译
出 版 人：陈远　出版发行：福建少年儿童出版社 http://www.fjcp.com e-mail:fcph@fjcp.com　社址：福州市东水路76号17层（邮编：350001）
选题策划：洛克博克 责任编辑：曾亚真 助理编辑：赵芷晴 特约编辑：刘丹亭 美术设计：翠翠 电话：010-53606116（发行部）　印刷：北京利丰雅高长城印刷有限公司
开　　本：889 毫米 ×1092 毫米 1/16 印张：2.5 版次：2023 年 9 月第 1 版 印次：2023 年 9 月第 1 次印刷 ISBN 978-7-5395-8101-9 定价：24.80 元

会数数的
奥马利

奥马利一家准备去度假。瞧，东西差不多都准备齐了。
"浴巾带了吗？"爸爸问。
"后门锁了吗？"妈妈问。
"快点，三叶草，上车！"埃里克牵着狗绳大声命令道。
"我的太阳镜找不到了！"内尔说。

4

他们终于出发。
开了将近三个小时，埃里克抱怨道："怎么还没到啊？"

"哎呀！三叶草对着我喷气！"布里奇特说。

"我的棒球帽找不到了！"内尔说。

"要不咱们一起玩计数游戏吧？"妈妈提议。

他们首先确定要数什么东西。

埃里克说："我们来数汽车吧！"他喜欢玩计数游戏，
因为几乎每次都是他赢。

"好啊，"妈妈赞成，"来挑选颜色吧。"

"我选银色。"埃里克说。

"我选蓝色。"布里奇特说，"你呢，内尔？"

"红色。"内尔回答道。她最喜欢的颜色就是红色。
埃里克笑着说："你总是选红色,却从来没有赢过。"

妈妈递给他们纸和铅笔。

"你还记得怎么玩吗，内尔？"布里奇特问。

"当你看到一辆红色汽车的时候，做一个这样的记号：

"每看到一辆做一个记号。
发现第三辆的时候，记号变成这样：

"等到发现第五辆的时候，在之前的四个记号上画一条横线，
把它们变成一小捆，这样便于计数。"

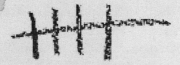

"游戏时间是二十分钟。"妈妈规定。

"各就各位！预备！开始！"

"快看，这有一辆银色的。"埃里克立刻说，"那边还有两辆。"
"我看到一辆蓝色的。"布里奇特说，"后面还紧跟着一辆。"

"哈！我看到一辆红色的。"内尔说。
"内尔，那边还有一辆红色的。"爸爸说。
"不可以帮忙！"埃里克喊道。

"时间到！"妈妈说。
这会儿他们正好在一个休息区停下来，准备在这儿吃午饭。

14

爸爸带着三叶草去散步，
孩子们忙着数自己的记录。
"我赢了！"埃里克喊道，
"我又赢啦。"

"给你戴上计数奖章。"妈妈说。

这是一块用塑料做成的三叶草奖章，是小狗一岁生日时爸爸送它的礼物。

"别一副了不起的样子。"布里奇特不服气地说，"真以为自己是奥马利家的计数高手啦?"

17

买汉堡包的队伍排得特别长。
"我饿了。"布里奇特说。
"我想吃冰激凌。"内尔说。
"我能玩电子游戏吗?"埃里克问。
"我们再玩一次计数游戏吧。"爸爸说。

"这里不能再数汽车了。"布里奇特说，"我们来数 T 恤衫吧。"

"我选黄色！"埃里克叫道。

"我选绿色！"布里奇特叫道。

"我选红色！"内尔叫道。

埃里克笑着说："红色永远赢不了。"

队伍向前移动得非常慢，几乎每次只移动 2.5 厘米。

他们数着眼前的每一件 T 恤。

"马上轮到我们了。"爸爸说。

"游戏结束,每个人算一下自己手里的总数。"

"我赢了!"布里奇特喊道。

妈妈从埃里克手中接过三叶草奖章,戴在布里奇特的脖子上。

"这个计数奖章你戴不了多久的。"埃里克说。

"哦,是吗?那就看看谁才是奥马利家的计数高手。"布里奇特回答说。

23

午餐后，大家都吃得饱饱的。一家人继续开车前往海滩，大部分时间里，埃里克、布里奇特和内尔都在睡觉。

他们终于到了。刚一下车，就听到远处传来火车的鸣笛声。

"我们来数一数火车车厢吧。"埃里克说，"我选黑色。"

"我选灰色。"布里奇特说，"你又想选红色吗，内尔？"

"当然。"内尔回答说，"我最爱红色。"

"你真是记不住教训。"埃里克感叹道。

"快看火车头。"埃里克说,"黑色的,我得一分。"
"不公平。"布里奇特说,"火车头又不是车厢。"
一节红色车厢驶过,接着又是一节,后面又来一节。

　　下一节车厢也是红色的，再下一节还是。

　　火车轰隆隆地驶过。最后，乘务员休息车厢也从他们面前经过，依然是红色的。

　　"这列火车几乎没有黑色车厢。"埃里克沮丧地说。

　　"也没有灰色车厢。"布里奇特说。

　　"我们一起看看统计表。"妈妈说，"内尔赢了！"

29

布里奇特把三叶草奖章交给内尔。
接着她注意到铁轨附近有一个标志。
"看！"她说，"这就是内尔获胜的原因！"

旅游
红色专列

"嘿，内尔，这不公平。"埃里克说。
"我觉得很公平。"内尔说，"从现在开始，你应该叫我……"

　　《会数数的奥马利》中涉及的数学概念是计数。计数符号是一种非常有用的数学工具，尤其是当数量随着时间变长而不断增加时，可以帮助孩子将正在数的对象数量记录在纸上。计数符号每 5 个为一组，这也强化了孩子以 5 为单位计数的能力。

　　对于《会数数的奥马利》中所呈现的数学概念，如果你们想从中获得更多乐趣，有以下几条建议：

　　1. 和孩子一起读故事，指出故事中的人物如何用符号记录所数的汽车、T 恤衫和火车车厢数量。指出他们是如何用横线符号来表示 5 个为一组。

姓名	颜色	计数符号
埃里克	银色汽车	
布里奇特	蓝色汽车	
内尔	红色汽车	

　　2. 再次阅读故事，让孩子自己使用计数符号来计数。讲故事时可以暂停一下，让孩子比较自己的计数符号和书上的计数符号有何不同。参照右图制作一张计数图表。

　　3. 让孩子在纸上列出书中人物的名字，然后用符号计数法统计每个名字在故事中被提及的次数。等孩子统计完之后向孩子进行提问，比如："哪个人物被提到的次数最多？""哪个最少？"

　　4. 随机说一个位于 10 到 25 之间的数字，让孩子用计数符号来表示这个数字。

如果你想将本书中的数学概念扩展到孩子的日常生活中，可以参考以下这些游戏活动：

　　1. 比萨问卷：让孩子询问家人、朋友和邻居最喜欢哪种口味的比萨，并用符号计数法来统计答案，找出哪种比萨最受欢迎。

　　2. 邻居调查：询问邻居家的孩子喜欢哪种颜色。然后统计一下，看看哪种颜色最受欢迎。

妈妈的
咖啡

我的快乐
暑假

爸爸的
甜甜圈

开心的
合照

妈妈

爸爸

内尔

三叶草

内尔画

这是我，内尔

可爱的
妈妈 →

挠痒痒的
爸爸 →

布里奇特 ↑

埃里克 ↑

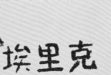

洛克数学启蒙

1

《虫虫大游行》	比较
《超人麦迪》	比较轻重
《一双袜子》	配对
《马戏团里的形状》	认识形状
《虫虫爱跳舞》	方位
《宇宙无敌舰长》	立体图形
《手套不见了》	奇数和偶数
《跳跃的蜥蜴》	按群计数
《车上的动物们》	加法
《怪兽音乐椅》	减法

2

《小小消防员》	分类
《1、2、3，茄子》	数字排序
《酷炫100天》	认识1-100
《嘀嘀，小汽车来了》	认识规律
《最棒的假期》	收集数据
《时间到了》	认识时间
《大了还是小了》	数字比较
《会数数的奥马利》	计数
《全部加一倍》	倍数
《狂欢购物节》	巧算加法

3

《人人都有蓝莓派》	加法进位
《鲨鱼游泳训练营》	两位数减法
《跳跳猴的游行》	按群计数
《袋鼠专属任务》	乘法算式
《给我分一半》	认识对半平分
《开心嘉年华》	除法
《地球日，万岁》	位值
《起床出发了》	认识时间线
《打喷嚏的马》	预测
《谁猜得对》	估算

4

《我的比较好》	面积
《小胡椒大事记》	认识日历
《柠檬汁特卖》	条形统计图
《圣代冰激凌》	排列组合
《波莉的笔友》	公制单位
《自行车环行赛》	周长
《也许是开心果》	概率
《比零还少》	负数
《灰熊日报》	百分比
《比赛时间到》	时间

MathStart®
洛克数学启蒙②

全部加一倍

[美]斯图尔特·J.墨菲 文　　[美]瓦莱里娅·佩特隆 图　　静博 译

倍数

海峡出版发行集团
THE STRAITS PUBLISHING & DISTRIBUTING GROUP | 福建少年儿童出版社
FUJIAN CHILDREN'S PUBLISHING HOUSE

献给科尔，他和他的大姐萨曼莎把麻烦变成了欢乐。

——斯图尔特·J.墨菲

献给双重小麻烦（托马索和莎拉）。

——瓦莱里娅·佩特隆

著作权合同登记号：图字 13-2023-038号

图书在版编目（CIP）数据

洛克数学启蒙.2.全部加一倍 / (美) 斯图尔特·
J.墨菲文；(美) 瓦莱里娅·佩特隆图；静博译. -- 福
州：福建少年儿童出版社, 2023.9
ISBN 978-7-5395-8231-3

Ⅰ.①洛… Ⅱ.①斯… ②瓦… ③静… Ⅲ.①数学 -
儿童读物 Ⅳ.①O1-49

中国国家版本馆CIP数据核字(2023)第074349号

LUOKE SHUXUE QIMENG 2 · QUANBU JIA YI BEI

洛克数学启蒙2·全部加一倍

著　　者：[美] 斯图尔特·J.墨菲 文　[美] 瓦莱里娅·佩特隆 图　静博 译
出 版 人：陈远　出版发行：福建少年儿童出版社　http://www.fjcp.com　e-mail:fcph@fjcp.com　社址：福州市东水路 76 号 17 层（邮编：350001）
选题策划：洛克博克　责任编辑：曾亚真　助理编辑：赵芷晴　特约编辑：刘丹亭　美术设计：翠翠　电话：010-53606116（发行部）　印刷：北京利丰雅高长城印刷有限公司
开　　本：889 毫米 ×1092 毫米　1/16　印张：2.5　版次：2023 年 9 月第 1 版　印次：2023 年 9 月第 1 次印刷　ISBN 978-7-5395-8231-3　定价：24.80 元

全部加一倍

你看到了吧，
我每天忙忙碌碌，
因为我养着一群小鸭子。

1

5

照顾它们要干的活儿可不少，
这里只有我一个人照顾这五只小鸭子。

我只有两只手，
可要照顾五只鸭子，
要做的事很多。

我给它们喂食。

每天我要给我的五只
小鸭子喂三袋食物。

我用四捆厚厚的干草，
给我的五只小鸭子做了
温暖又舒适的窝。

12

4

我的小鸭子喜欢戏水。

"嘎嘎、呱呱、哗啦哗啦……"

五只小鸭子在水里玩得真开心。

我的五只小鸭子出门去散步，
每只小鸭子都带回来一个好朋友！

现在鸭子的数量加了一倍，
我要照顾十只小鸭子，
工作量也加了一倍。

10

我需要加一倍的干草——
总共八捆干草,
给这十只小鸭子做窝。

我需要准备两倍的食物——
每天六袋食物，
去喂我的十只小鸭子。

我需要两倍的手——
总共四只手，
来照顾我的十只小鸭子。

24

25

为了有两倍的手去干活，
就需要有两个人，
去照顾我的十只小鸭子。

26

看来我也需要一个朋友。

29

《全部加一倍》中所涉及的数学概念是把一个数变成它的两倍，即把一个数和它自身相加。理解"倍"的概念能让孩子更好地掌握加法并为学习乘法打下基础。

对于《全部加一倍》中所涉及的数学概念，如果你们想从中获得更多乐趣，有以下几条建议：

1. 和孩子一起读故事，鼓励孩子数出故事中提到的事物，如 2 只手、3 袋食物等。

2. 找来一些常见的小物件，例如纽扣、弹珠或积木。和孩子一起再次阅读故事，鼓励孩子用这些小物件把故事情节演示出来。

3. 用积木垒高塔，塔的层数介于 1 到 10 之间。让孩子数一数垒塔所用积木的数量，然后帮助孩子用同样数量的积木搭建第 2 座塔。让孩子计算出建造两座塔所需的积木总数。用不同数量的积木重复这一活动。

4. 找来一副多米诺骨牌，让孩子找出其中所有的双牌（两端点数相同的骨牌）。

5. 帮助孩子做一本"两倍书"：在每一页设置一个标题，如"1 的两倍""2 的两倍"等，然后和孩子一起想一想每个标题所对应的物品可以是什么。例如，"1 的两倍"可以是一张有两只眼睛的脸，"2 的两倍"可以是一张两端都是两点的多米诺骨牌，"3 的两倍"可以是两侧各有 3 条腿的昆虫。

如果你想将本书中的数学概念扩展到孩子的日常生活中，可以参考以下这些游戏活动：

　　1. 双倍游戏：所有玩家开始时都有 10 分。在每个回合中，玩家会掷出 2 个骰子。如果掷出的 2 个骰子上点数相同，则点数之和就是玩家的得分；如果点数不同，玩家就会失去 1 分。得分最先超过 20 分的就是赢家。

　　2. 厨房游戏：在制作速食布丁等简单的食物时，帮助孩子将配方中的所有材料加 1 倍。

　　3. 猜数字：告诉孩子你想到了一个数字，然后把它翻倍。说出翻倍后的数字，让孩子来猜翻倍前的数字。例如，如果翻倍后的数字是 10，正确答案就是 5。如果孩子感到困难，可以给他一组小物件，例如纽扣、回形针等，用它们表示出翻倍后的数字，然后把它们分成数量相等的两组。

洛克数学启蒙

1

《虫虫大游行》	比较
《超人麦迪》	比较轻重
《一双袜子》	配对
《马戏团里的形状》	认识形状
《虫虫爱跳舞》	方位
《宇宙无敌舰长》	立体图形
《手套不见了》	奇数和偶数
《跳跃的蜥蜴》	按群计数
《车上的动物们》	加法
《怪兽音乐椅》	减法

2

《小小消防员》	分类
《1、2、3，茄子》	数字排序
《酷炫100天》	认识1~100
《嘀嘀，小汽车来了》	认识规律
《最棒的假期》	收集数据
《时间到了》	认识时间
《大了还是小了》	数字比较
《会数数的奥马利》	计数
《全部加一倍》	倍数
《狂欢购物节》	巧算加法

3

《人人都有蓝莓派》	加法进位
《鲨鱼游泳训练营》	两位数减法
《跳跳猴的游行》	按群计数
《袋鼠专属任务》	乘法算式
《给我分一半》	认识对半平分
《开心嘉年华》	除法
《地球日，万岁》	位值
《起床出发了》	认识时间线
《打喷嚏的马》	预测
《谁猜得对》	估算

4

《我的比较好》	面积
《小胡椒大事记》	认识日历
《柠檬汁特卖》	条形统计图
《圣代冰激凌》	排列组合
《波莉的笔友》	公制单位
《自行车环行赛》	周长
《也许是开心果》	概率
《比零还少》	负数
《灰熊日报》	百分比
《比赛时间到》	时间

MathStart®

洛克数学启蒙❷

狂欢购物节

[美]斯图尔特·J.墨菲 文　　[美]雷尼·安德里亚尼 图　　漆仰平 译

海峡出版发行集团 福建少年儿童出版社
THE STRAITS PUBLISHING & DISTRIBUTING GROUP　FUJIAN CHILDREN'S PUBLISHING HOUSE

巧算加法

给克里斯托弗·马修——墨菲家族的又一重要成员。

——斯图尔特·J.墨菲

献给我的超级顾客玛吉。

——雷尼·安德里亚尼

MALL MANIA

Text Copyright © 2006 by Stuart J. Murphy

Illustration Copyright © 2006 by Renée Andriani

Published by arrangement with HarperCollins Children's Books, a division of HarperCollins Publishers through Bardon-Chinese Media Agency

Simplified Chinese translation copyright © 2023 by Look Book (Beijing) Cultural Development Co., Ltd.

ALL RIGHTS RESERVED

著作权合同登记号：图字 13-2023-038号

图书在版编目（CIP）数据

洛克数学启蒙.2.狂欢购物节 / (美) 斯图尔特·J.墨菲文；(美) 雷尼·安德里亚尼图；漆仰平译. -- 福州：福建少年儿童出版社, 2023.9
ISBN 978-7-5395-8102-6

Ⅰ.①洛… Ⅱ.①斯… ②雷… ③漆… Ⅲ.①数学-儿童读物 Ⅳ.①O1-49

中国国家版本馆CIP数据核字(2023)第005834号

LUOKE SHUXUE QIMENG 2·KUANGHUAN GOUWUJIE
洛克数学启蒙2·狂欢购物节

著　者：[美] 斯图尔特·J.墨菲　文　[美] 雷尼·安德里亚尼　图　漆仰平　译
出 版 人：陈远　出版发行：福建少年儿童出版社 http://www.fjcp.com　e-mail:fcph@fjcp.com　社址：福州市东水路 76 号 17 层（邮编：350001）
选题策划：洛克博克　责任编辑：曾亚真　助理编辑：赵芷晴　特约编辑：刘丹亭　美术设计：翠翠　电话：010-53606116（发行部）　印刷：北京利丰雅高长城印刷有限公司
开　本：889 毫米×1092 毫米 1/16　印张：2.5　版次：2023 年 9 月第 1 版　印次：2023 年 9 月第 1 次印刷　ISBN 978-7-5395-8102-6　定价：24.80 元

狂欢购物节

狂欢购物节那天，进入帕克赛商城的第100个人会得到许多礼物。威尔逊小学象棋俱乐部的孩子们负责在商城门口统计人数。

　　乔纳森、妮科尔、加比和史蒂文负责在
各个入口处计算进入商城的顾客数量。俱乐
部队长希瑟和指导老师格兰特在美食区等着
揭晓奖品。他们每人都有一部对讲机。

5

乔纳森第一个看到的是好朋友布兰登和他的姐姐布鲁克。
"再见，布兰登。一会儿见！"布鲁克说完，就跑进了商城。

6

　　"第1个。"乔纳森报告着数字。布兰登和乔纳森一起待在商场外面。
　　"我讨厌购物，"布兰登小声抱怨，"但我们得给妈妈买生日礼物。布鲁克先进去选选，待会儿再来叫我。"

"桑尼体育俱乐部刚刚为获奖者提供了两张橄榄球比赛门票！"格兰特老师宣布。

"我讨厌橄榄球。"布兰登嘟囔着，"没有篮球有意思。"

"大家请注意！"希瑟说，"目前已经有多少顾客进了商城？"

9

我这边有 7 个人。

妮科尔

这边有 3 个人。

史蒂文

北入口有 4 个人。

加比

我这边只有 2 个人。

乔纳森

"妮科尔、加比，把这些数字加起来。"希瑟发出指令。

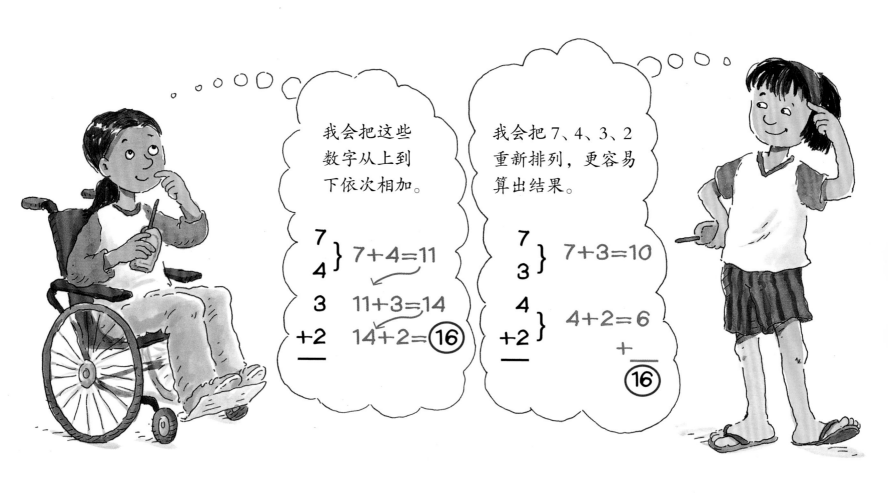

我会把这些数字从上到下依次相加。

$$7 + 4 = 11$$
$$11 + 3 = 14$$
$$14 + 2 = ⑯$$

我会把 7、4、3、2 重新排列，更容易算出结果。

$$7 + 3 = 10$$
$$4 + 2 = 6$$
$$+ \underline{}$$
⑯

"我算出的是16！"妮科尔说。
"我也是。"加比说。

"开头有点慢。"希瑟说。

"会快起来的。"格兰特老师说。

接着，他宣布："鲨客海鲜餐厅刚刚提供了一顿免费的全鱼大餐。"

"鱼？好恶心！"布兰登的抱怨从对讲机里传了出来。

希瑟等了大约十分钟，接着问大家："好，从上次统计之后又有多少人进来了？"

东门有
8个人。

妮科尔

西门有
8个人。

史蒂文

我这边有
7个人。

加比

南门有
7个人。

乔纳森

15

"乔纳森、史蒂文，你们来加一下总人数。"希瑟说。

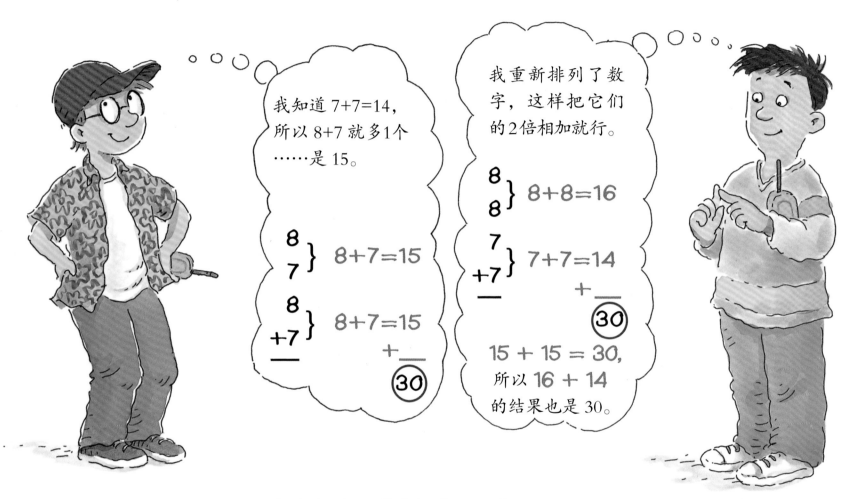

乔纳森说："总数是 30。"
"我算出的也是 30。"史蒂文说。

希瑟拿出计算器。"加上之前的 16 个，现在是 46 个，接近一半啦！"她说。

"全耳公司刚刚捐出了一张 A–Z 乐队的最新音乐专辑！"格兰特老师宣布。

"没劲，"布兰登喃喃自语，"我从来不听他们的音乐。"

没过一会儿，希瑟又通知大家："请各位报告数字。"

妮科尔

史蒂文

加比

乔纳森

"史蒂文、加比，现在总共多少人了？"希瑟问。

我试着把这些数字从下到上依次相加。

$$24+8=\boxed{32}$$
$$15+9=24$$
$$8+7=15$$

8
9
7
+8

知道一个数的两倍会让计算更简单。

8
9
$$8+8=16$$
因此 $8+9=17$

7
+8
$$7+7=14$$
所以 $7+8=15$

$$15+15=30$$
所以 $15+17=\boxed{32}$

"我算出的是 32！"史蒂文回答。
"我也是。"加比说。

"加上之前的 46 个，现在是 78 个。"希瑟说。

"T 恤厂刚刚赞助一件黄色 T 恤。"格兰特老师补充道。

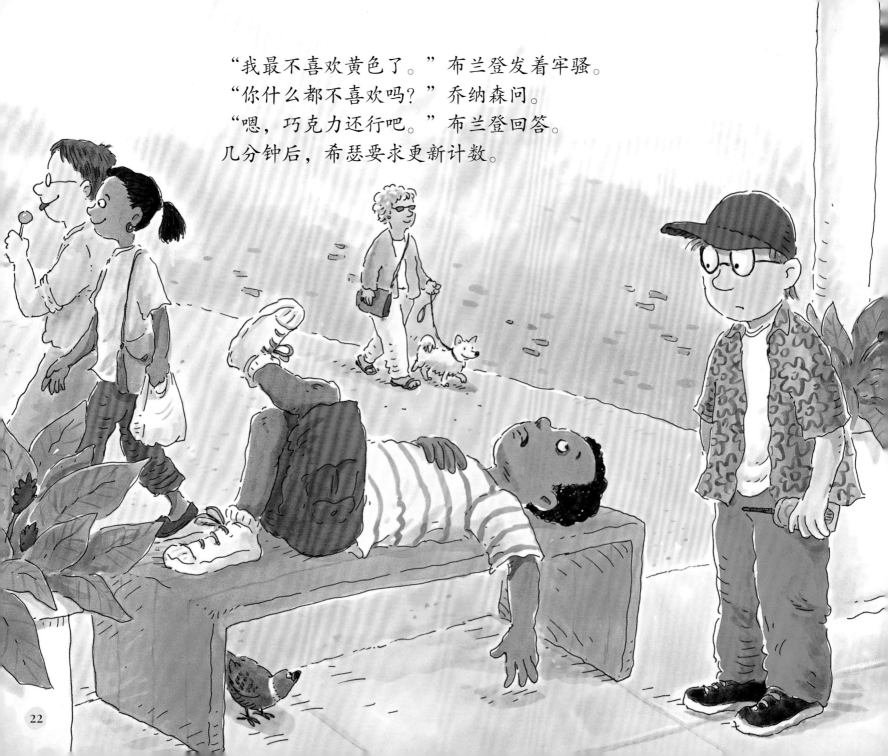

"我最不喜欢黄色了。"布兰登发着牢骚。
"你什么都不喜欢吗?"乔纳森问。
"嗯,巧克力还行吧。"布兰登回答。
几分钟后,希瑟要求更新计数。

22

"马上就要到了！"希瑟说，"乔纳森、妮科尔，现在加起来是多少人？"

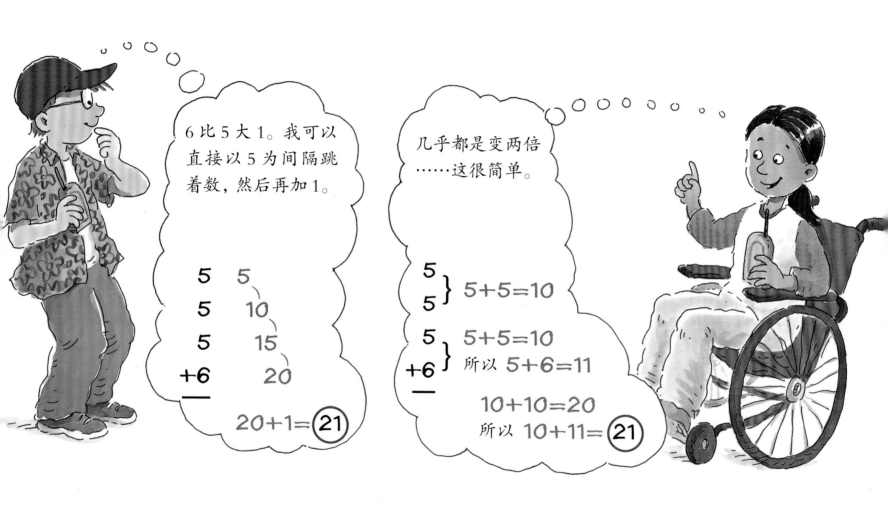

"21！"乔纳森和妮科尔异口同声地答道。

“21 加 78，也就是说，我们现在总共数到 99 了，”希瑟大叫，
“下一个进入商场的人就是我们的获奖者！”

就在这时，布鲁克出现在南门入口处。

"快来，布兰登。"布鲁克喊着，"我找不到适合妈妈的东西。你来帮帮忙。"她拽着布兰登的胳膊把他拉进商城里。

"就是他了，"乔纳森喊起来，"第 100 个顾客！"

很快，布兰登就来到了希瑟和格兰特老师身旁，手里拿着他的奖品：球票、全鱼餐券、A-Z 乐队的专辑，还有一件亮黄色的 T 恤。布兰登不敢相信自己的运气怎么这么差。

29

"还有一份在最后一分钟赞助的奖品，"格兰特老师宣布，
"来自糖果店的一盒巧克力！"

"太棒了！"布兰登说，"可算有我喜欢的东西了！"

"太好了！"布鲁克说。

"这是送给妈妈的最佳生日礼物！"

写给家长和孩子

《狂欢购物节》中所涉及的数学概念是加法技巧。这些技巧有：利用双倍数相加（如 3+3）、双倍数加 1（如 3+4），以及凑十法（如 3+7）等等。当孩子开始学习将两个以上的数字相加时，这些技巧都很有用。

对于《狂欢购物节》中所呈现的数学概念，如果你们想从中获得更多乐趣，有以下几条建议：

1. 阅读故事，讨论故事里的孩子是如何运用不同技巧将 4 个数字快速相加的。

2. 再次阅读故事，并画一张图，表示出每个孩子所站的入口。在孩子们每次喊出 4 个数字时停下来，讨论该如何算出 4 个数字之和。

3. 再次阅读故事时，帮助孩子计算出不同时段进入商场的总人数。

4. 选择故事中使用过的某种加法技巧，例如双倍数相加，让孩子算出不同数的两倍之和。继续练习其他技巧。然后让孩子同时运用多种技巧计算 4 个数字之和。

北门：加比

西门：史蒂文

格兰特老师

希瑟

布鲁克

东门：妮科尔

南门：乔纳森

如果你想将本书中的数学概念扩展到孩子的日常生活中，可以参考以下这些游戏活动：

1. 骨牌求和：将所有的多米诺骨牌正面朝下。第一个玩家选择两张多米诺骨牌，算出上面所示的 4 个数字之和。第二个玩家也这么做。得数高的人赢走这 4 张牌。最后谁的手里牌多，谁就是赢家。

2. 字母换钱：按如下表格给出的每个字母代表的价钱，每人想任一 4 个字母的单词，看看谁的单词更值钱。接下来想出包含 5 个字母的单词，看看谁的单词更值钱。

字母	价格	字母	价格
A–E	4 元	P–T	7 元
F–J	5 元	U–Y	8 元
K–O	6 元	Z	9 元

3. 数硬币：给孩子 4 堆不同面额的硬币，每堆不超过 10 个。让孩子算出总金额。

洛克数学启蒙

1

《虫虫大游行》	比较
《超人麦迪》	比较轻重
《一双袜子》	配对
《马戏团里的形状》	认识形状
《虫虫爱跳舞》	方位
《宇宙无敌舰长》	立体图形
《手套不见了》	奇数和偶数
《跳跃的蜥蜴》	按群计数
《车上的动物们》	加法
《怪兽音乐椅》	减法

2

《小小消防员》	分类
《1、2、3，茄子》	数字排序
《酷炫 100 天》	认识 1~100
《嘀嘀，小汽车来了》	认识规律
《最棒的假期》	收集数据
《时间到了》	认识时间
《大了还是小了》	数字比较
《会数数的奥马利》	计数
《全部加一倍》	倍数
《狂欢购物节》	巧算加法

3

《人人都有蓝莓派》	加法进位
《鲨鱼游泳训练营》	两位数减法
《跳跳猴的游行》	按群计数
《袋鼠专属任务》	乘法算式
《给我分一半》	认识对半平分
《开心嘉年华》	除法
《地球日，万岁》	位值
《起床出发了》	认识时间线
《打喷嚏的马》	预测
《谁猜得对》	估算

4

《我的比较好》	面积
《小胡椒大事记》	认识日历
《柠檬汁特卖》	条形统计图
《圣代冰激凌》	排列组合
《波莉的笔友》	公制单位
《自行车环行赛》	周长
《也许是开心果》	概率
《比零还少》	负数
《灰熊日报》	百分比
《比赛时间到》	时间

洛克数学启蒙
练习册

洛克博克童书 策划　　舒丽 编写　　懂懂鸭 绘

✎ 小动物们家里的时钟上的数字消失了。请你仔细观察，帮它们把丢失的数字补上吧。

✎ 请你帮小兔子找到和它们身上的时间一致的蘑菇，并连线。

✎ 小明傍晚5点到达钟表店买时钟，发现货架上只有一个时钟上显示着现在的时间，请你帮他把这个时钟圈出来吧。

✎ 小动物们需要在睡觉前定好闹铃，请你为它们选出正确的闹铃时间，并在旁边的〇画"√"。

✎ 一阵大风吹来，把小蜈蚣晾的袜子吹跑了几只。请你仔细观察小蜈蚣晾袜子的规律，在空夹子下画出被吹跑的袜子吧！

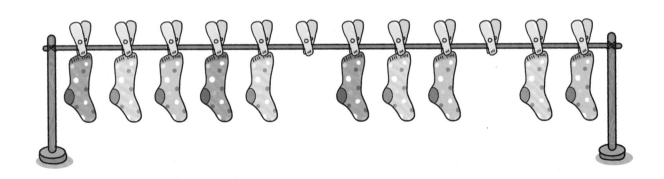

✎ 下面哪组果汁是按规律摆放的？请在它旁边的○里画"√"。

✏️ 下面这些食物应该放进哪个篮子里？请连线。

✏️ 请你在下面每排中找出一个与其他物品不同类的物品，并圈出来。

✎ 小蝴蝶们喜欢和与自己颜色相同的花朵待在一起，请你为它们涂上颜色吧！

✎ 请在陆生动物下面的□里画"√"，在水生动物下面的□里画"○"。

✏️ 下面几只小动物的面前分别摆放了一些苹果，请把面前摆放的苹果数量与记录单上表示的数量一致的小动物圈出来。

✏️ 请你用画"正"字的计数方式记录下面每种水果的数量。

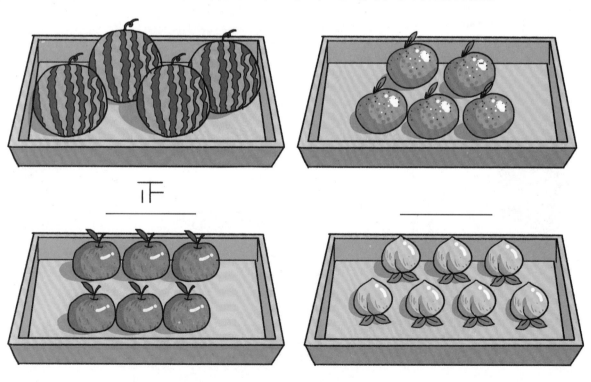

正

_____   _____

✎ 小明和小红在公园里玩画记游戏，仔细观察，帮他们完成记录单。

内容	标记	数量
✿	正正	10
男孩		
🐦		

内容	标记	数量
✿		
女孩		
🐠		

✎ 请你找到第8节和第10节车厢，并分别在它们的上方画一个"○"。

✎ 幼儿园里正在举行跳绳比赛，明明、乐乐和东东在1分钟内的跳绳次数标记如下。请你根据标记找出他们的跳绳次数，将他们与对应的数字连起来。

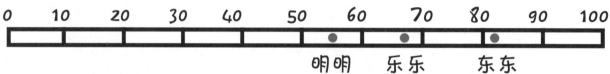

✎ 三只小兔在地里采蘑菇，你能一眼看出谁采得多、谁采得少吗？请按采到蘑菇数量从多到少的顺序进行排序。

○   ○   ○

✏️ 请根据提示帮助森林管理员找到两棵需要护理的大树，并将它们圈出来。

请从图中左上角的第1棵树开始，按从左到右、从上到下的顺序开始往后数，找到第16棵树。

再从图中右下角的最后1棵树开始，按从右到左、从下到上的顺序往前数，找到第21棵树。

✎ 明明在吃什么水果？请在表格里对应的水果下面画一个"○"。

苹果	香蕉

✎ 乐乐在搭积木。请你帮他数一数，不同形状的积木各有多少个，
并按数量给两侧对应形状的积木涂上颜色。

_____个   _____个

✎ 下面哪些小动物正在跳绳？请在表格中对应的小动物下面画"○"。

兔子	老虎	大象	老鼠	小熊

✎ 看一看下面的一周食谱，请你在以下图画中找到周二吃的主食，并在上面画"□"，在周四吃的主食上画"○"。

日期	周一	周二	周三	周四	周五
主食	馒头	油条	面条	饺子	烧饼

🖊 请你根据花朵上的算式，给每只蜜蜂找到与它身上的算式得数相同的花朵，并连线。

🖊 小明有10元钱，他最多能买多少件商品？请把它们都圈出来吧。

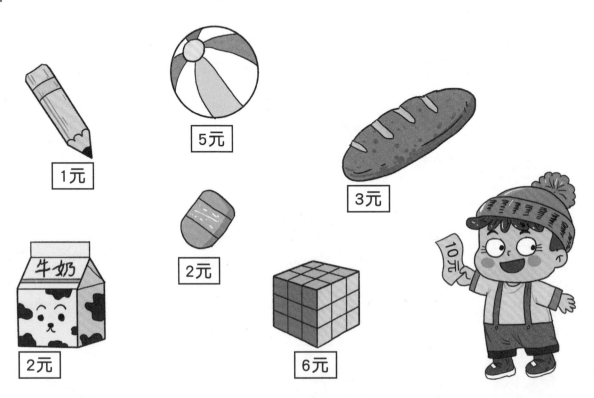

✏️ 请你将算式得数为10的香蕉和小猴连线。

✏️ 东东要从家去游乐场，请你帮他画出路程最短的一条路线。

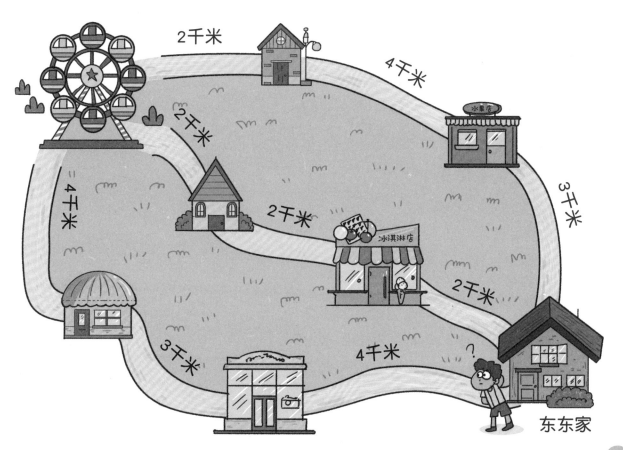

✏️ 小熊要去买西瓜，请你按照它爸爸妈妈的要求，帮它圈出适合的那个吧！

✏️ 请你仔细观察，圈出身上的数字大于36且小于45的小朋友。

✎ 两只小猫来钓鱼，每条小鱼身上都标着重量，以斤为单位。请你找到重量符合小猫们的需求的小鱼，将小鱼与对应的鱼桶连起来。

✎ 请你根据小动物们的提示，填出宝箱的密码。

第1个数在3和6中间，是一个偶数。

第2个数在4和7之间，是一个奇数。

第3个数在5和9之间，是一个奇数。

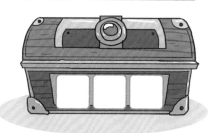

✎ 小刺猬们正在搬运果子，请你按背上果子数量从少到多的顺序给它们排序。

✎ 请你圈出车牌号上的数字正好是按从小到大的顺序排列的那辆汽车。

请你根据生日蛋糕上的蜡烛数量判断小朋友们的年龄，并按照年龄从大到小的顺序给他们排序。

请你先把圆圈上的数字按从小到大的顺序连起来，然后将最大和最小的数连起来，看看会出现什么图形吧！

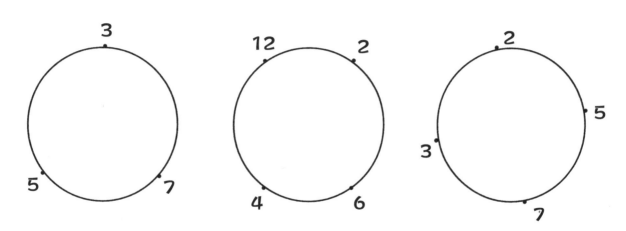

✎ 请你把标注数字是2的2倍的彩旗涂成红色，标注数字是3的2倍的彩旗涂成黄色。

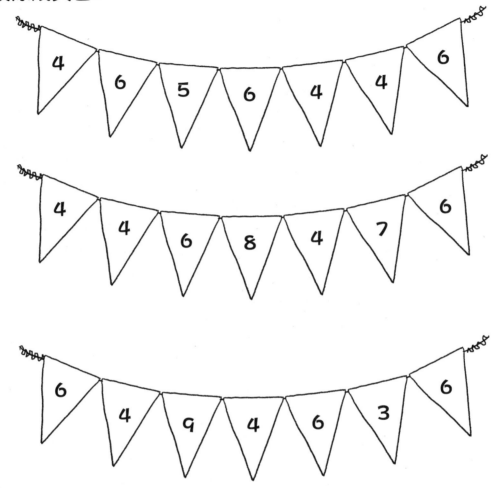

✏ 小动物们正在排队，请你在身上号码是4的2倍的小动物下面画 "○"，在身上号码是5的2倍的小动物下面画 "✓"。

请你观察小兔子们手中篮子上的数字，分别找到数量是它们的2倍的蘑菇，再把小兔子和对应的蘑菇连起来。

学校要给小朋友们买礼物，请按要求写出需要购买的物品的数量。

小熊和洋娃娃的数量分别是3的2倍。

小汽车和工程车的数量分别是4的2倍。其他玩具的数量都是5的2倍。

✎ 请你根据下面的提示完成购物清单，将需要购买的水果圈出来，并在线段上标记这些水果的重量。

我要买的水果的价格高于26元/千克，低于30元/千克，且是一个偶数。我要买12千克。

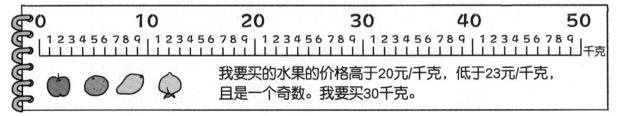

我要买的水果的价格高于20元/千克，低于23元/千克，且是一个奇数。我要买30千克。

我要买的水果的价格高于32元/千克，低于34元/千克。我要买27千克。

我要买的水果的价格高于45元/千克，低于47元/千克。我要买41千克。

请你帮小明标出当天的温度，并根据温度计下面的提示找出合适的衣服，把衣服和对应的温度计连起来。

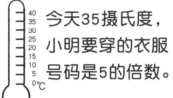

今天的温度高于15摄氏度，低于17摄氏度，小明要穿的衣服号码是3的2倍。

今天35摄氏度，小明要穿的衣服号码是5的倍数。

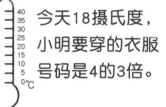

今天18摄氏度，小明要穿的衣服号码是4的3倍。

大象们正在进行投掷比赛，请你根据它们的目标在数轴相应的位置画出铅球。

我的目标：大于15米，小于17米。

0　　　　　　　　10　　　　　　　　20　　　　　　　　30
1 2 3 4 5 6 7 8 9　1 2 3 4 5 6 7 8 9　1 2 3 4 5 6 7 8 9

我的目标：大于10米，小于14米，是个偶数。

0　　　　　　　　10　　　　　　　　20　　　　　　　　30
1 2 3 4 5 6 7 8 9　1 2 3 4 5 6 7 8 9　1 2 3 4 5 6 7 8 9

我的目标：大于21米，小于25米，是个奇数。

0　　　　　　　　10　　　　　　　　20　　　　　　　　30
1 2 3 4 5 6 7 8 9　1 2 3 4 5 6 7 8 9　1 2 3 4 5 6 7 8 9

23

✎ 运动会上，同学们正在进行各项比赛。观察他们的比赛情况，
　根据要求回答下面的问题。

① 下面是明明和乐乐的乒乓球
　比赛得分表，数一数明明和
　乐乐现在分别得了多少分。

明明	乐乐
正 丁	下

明明比乐乐多得
了＿＿＿＿分。

② 请你根据三场足球比赛的得分表，算一算两个班级三场比赛的总分，
　并用数字表示出来。

	1 班	2 班
第一场	正 正	正 正
第二场	正 下	正 一
第三场	正 一	正 正

1 班 ＿＿＿＿分

2 班 ＿＿＿＿分

③有4名同学正在进行田径比赛，请你观察他们衣服上的数字，在数字最小的
　同学下面画"○"，在数字最大的同学下面画"√"。

④啦啦队队员是按身上数字从小到大的顺序排列的，请你圈出站错位置的队员。

✎ 3个小朋友在玩石子，他们的书包放在了旁边的木椅上。请你仔细观察和思考，回答下面的问题。

① 乐乐手中有7个石子，红红手里有9个石子，明明的石子比乐乐的多，但比红红的少，明明手里有＿＿个石子。

② 明明的书包吊牌上的数字是2的5倍，红红的书包吊牌上的数字是3的4倍，请你在明明的书包下画"○"，在红红的书包下画"□"。

③ 请你圈出标注的数字在15到18之间的花朵。

✏️ 明明来书店买书，请你按要求帮他找到需要的图书吧！

① Ａ 在书架的第一层，是从左往右数的第四本书，请你把它圈出来。

② Ｂ Ｃ 在书架的第二层，价格是5的倍数，请你把它们圈出来。

③ Ｄ 的价格是10的5倍，请你把它圈出来。

④ Ｅ 在所有书中价格最贵，请你把它圈出来。

马上就到下午茶时间了，妈妈正在为小朋友们准备下午茶，小朋友们在玩扑克。请你观察画面，帮助他们解决遇到的问题吧！

① 请你看看下面两个小朋友手中的牌，算一算三张牌的点数和，请把手中牌点数和更大的小朋友圈出来。

② 现在他们要玩分类游戏了。下面的一组牌中，有____张♥、____张♠、____张♦、____张♣。图案为红色的牌有____张，比图案为黑色的牌多____张。

③每个小朋友都需要1个餐盘、3块饼干，其中有3个小朋友每人需要2杯饮料，有4个小朋友每人需要2块蛋糕，其他小朋友不需要饮料或蛋糕。请帮妈妈把每样东西的数量写下来。

□个餐盘　　□块饼干

□杯饮料　　□块蛋糕

④下面是小朋友们玩扑克游戏的得分表。请你算一算，谁是第一名，再在他的名字后面画"√"。

	天天	雷雷	明明
第一局	3	4	5
第二局	2	3	4
第三局	5	3	2
第四局	4	6	2

⑤请你找到下面一组牌的数字排列规律，并在空白扑克牌上把数字写出来。

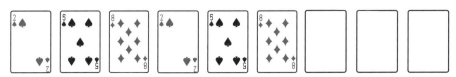

洛克数学启蒙练习册2-A答案

P2

P3

P4

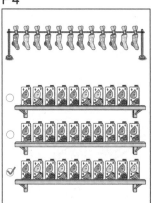

P5

P6

P7

P8

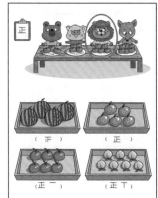

P9

P10

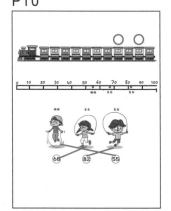

P11

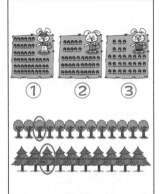

P12

P13

P14

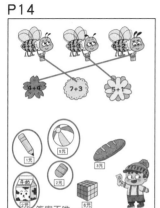

P15

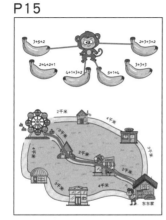

P16

P17

P18

P19

P20

P21

P22

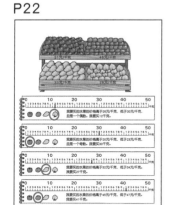

P23

P24~25

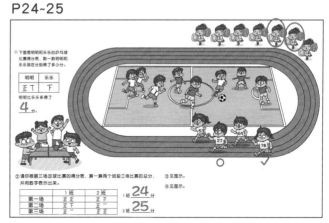

P26

P27

P28~29

洛克数学启蒙
练习册

洛克博克童书 策划　舒丽 编写　懂懂鸭 绘

✎ 请观察图片中小朋友正在做的事情，根据自己的实际情况，在钟表上画出时针的位置。

✎ 请观察花和花瓶上的时间，将花和对应的花瓶连起来。

✎ 每只小熊身上都有一块表，请圈出表盘显示时间为8:30的小熊。

✎ 每条小鱼身上都有自己出门的时间，请按照出门时间从早到晚的顺序给它们排序。

✎ 红红有一些圆形和方形的珠子，请你按照不同
规律分别帮她串三条项链吧。请把串在一条项
链上的珠子用线连起来。

✎ 请你根据车厢上○的数量规律，画出后面几节车厢上的○。

✎ 小兔子要回家了，请你帮它找到一条图形有规律的路，在正确道路对应的方框里画"√"。

✎ 儿童节快要到了，请你按照一定规律为气球、彩旗和小花涂色，快行动起来吧！

✏️ 请你看看下面这些垃圾应该投进哪个垃圾桶里，把它们和对应的垃圾桶连起来。

✏️ 请你按要求数一数符合条件的小动物，把数量写在 ☐ 里。

✎ 请你看看花园里都有什么，回答下面的问题。

① 花园里有___朵红花，___朵黄花，红花比黄花多___朵。
② 除了按颜色分，这些花朵还可以按什么分？
③ 请你为白色花朵涂上红色或黄色，使红花和黄花的数量一样多。
④ 大蝴蝶有___只，小蝴蝶有___只，大蝴蝶比小蝴蝶少___只。
⑤ 请你再画几只蝴蝶，使大蝴蝶和小蝴蝶的数量一样多。

✎ 小兔和小猴要统计水果的数量，请你看看它们的记录单，圈出统计正确的表格栏。

✎ 根据画记所表示的数量添画形状，使得每种形状的数量与画记一致。

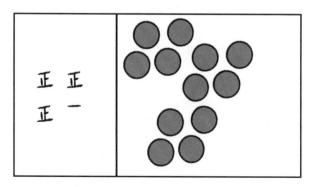

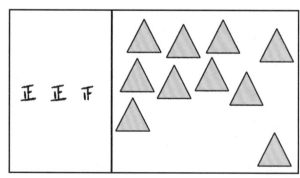

✎ 朵朵和明明正在玩画记游戏，请你仔细观察，帮他们用"正"字记录下对应事物的数量，在同类别更多的上面画"√"。

蓝色汽车	绿色上衣	绿色大树

黄色汽车	黑色上衣	黄色大树

✎ 请你圈出每组中最重的那只动物。

14 千克

13 千克　　12 千克

10 千克　　12 千克

15 千克　　14 千克

✎ 小朋友们正在量身高，请你仔细观察，帮他们按从高到矮的顺序排排队吧！

85 厘米　　90 厘米　　80 厘米

✏️ 请你数数下面果树上有多少个水果，把数量写在下面的框里，并把果实最多的那棵果树圈出来。

☐　　　　　☐　　　　　☐

✏️ 小动物们进行跳远比赛，第一、二、三名分别可以得到金牌、银牌、铜牌，请你把小动物和它们得到的奖牌连在一起。

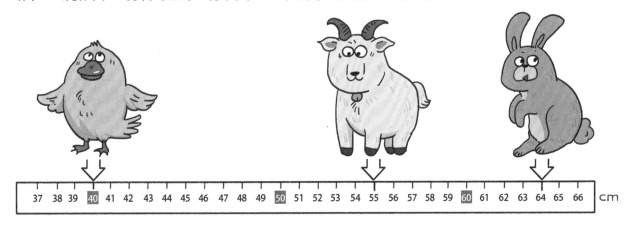

✎ 请你根据小朋友们的投票情况，圈出最受欢迎的运动。

🧑(帽子)	✓		✓	✓
🧑(眼镜)	✓	✓	✓	✓
🧑(辫子)		✓		✓
🧑(丸子头)	✓		✓	✓

✎ 小红要去超市购物，请根据大家的需求，帮她在购物清单上画"√"。

✎ 看看这两周的天气，把每种天气出现的次数填到统计表中吧！

星期日	星期一	星期二	星期三	星期四	星期五	星期六
☀	☀	☁	🌧	☁	☁	☀
☁	🌧	🌧	☁	☀	🌧	☁

☀	☁	🌧

✎ 小朋友们需要乘坐不同的交通工具来幼儿园，请你根据统计图表，写出乘坐每种交通工具的人数吧。

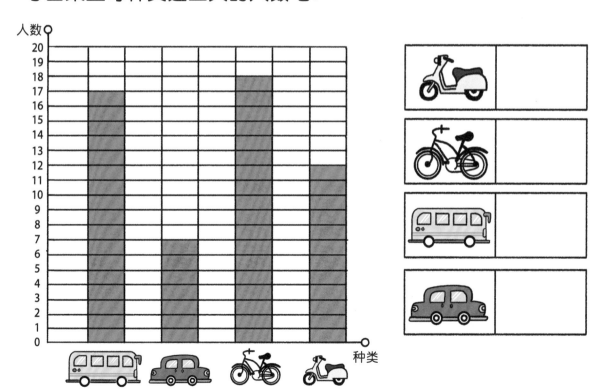

✎ 小兔子分糖果，每张桌子上有12颗糖果，需要把它们平均分到同一张桌子上的盘子里。请你帮小兔子分一分吧。

✎ 三个小朋友去果园摘水果，他们每人手里的篮子上都写着需要摘下的水果数量，每个篮子里都要有三种水果。请你帮他们做采摘计划，把要摘的水果数量写下来。

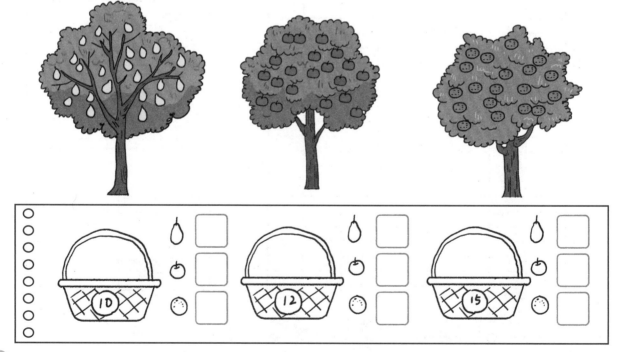

✎ 快来帮小蝌蚪找到妈妈吧！青蛙妈妈的身上有算式，小蝌蚪的身
上有得数。请计算出算式的结果，把青蛙妈妈和相应的小蝌蚪连
起来。

✎ 请观察下面的格子，把算式得数为10的方格涂上红色，看看会出
现什么图案吧。

4+2	3+7	3+5
2+8	4+6	5+5
1+8	1+9	4+5

2+3+5	3+3+3	3+1+4
4+3+3	4+3+2	5+1+1
1+2+7	1+1+8	4+2+4

对应图画书《大了还是小了》

✎ 请你圈出下面每组中符合小熊需求的商品。

价格高于 10 元，是个奇数。

价格高于 17 元，低于 19 元。

价格低于 20 元，是个奇数。

✎ 快看！农场里有好多动物。请你圈出身上的数字在12和20之间，
且为奇数的小动物。

请你仔细观察小鱼身上的数字，将数字为奇数的小鱼涂成蓝色，将数字为偶数的小鱼涂成黄色。

请观察动物身上的数字，圈出每组中不符合游戏要求的动物。

① 身上的数字大于8，小于15的动物可以进来。

② 身上的数字大于12，小于20的动物可以进来。

③ 身上的数字大于15，小于20，且是奇数的动物可以进来。

✎ 下列小汽车的车牌号都是按从左到右、由小到大的数字顺序排列的，请你根据圆框里的几个数字，把小汽车的车牌号写出来。

✎ 观察小动物们脚下的数字，按数字从小到大的顺序给它们排队，请你圈出站错位置的小动物。

✎ 小猫的年龄越大分到的小鱼越多，请你数一数鱼缸里有多少条小鱼，把小猫和相应的鱼缸连在一起。

✎ 下图中有两座房子墙壁上的瓷砖已经脱落了，需要维修。请你数一数，要修好每座房子分别需要补多少块瓷砖，把数量写下来。

✎ 小朋友们正在吃饺子，他们每个人想吃多少个饺子呢？谁拿错了饺子盘，请圈出来。

✎ 兔妈妈正在为孩子们准备服装，每只小兔都需要1顶帽子、2只手套、2只袜子，4只小兔一共需要几顶帽子、几只手套、几只袜子呢？

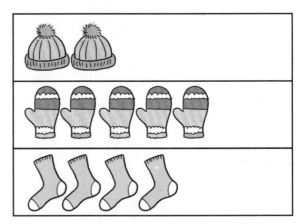

登记表中显示出兔妈妈已经准备好的服装数量。还缺多少服装呢？请你把它们画出来。

✎ 小朋友们正在玩游戏，请你圈出手上珠子数量和所给任务不一致的小朋友。

4的两倍   5的两倍   7的两倍

✎ 请你先数一数树上的水果数量，再回答下面的问题。

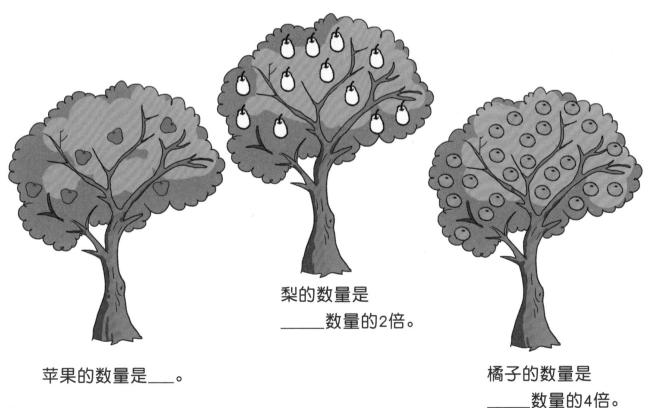

梨的数量是
_____数量的2倍。

苹果的数量是___。

橘子的数量是
_____数量的4倍。

✎ 请你根据小朋友们的提示，在钟表上画出他们起床的时间。

我的起床时间在 6 点和 8 点之间，是一个整点。

我的起床时间在 7 点和 8 点之间，是一个半点。

我的起床时间在 7 点和 9 点之间，是一个整点。

✎ 小动物们在等公交车，请你根据它们的要求，将小动物与合适的公交车及时间连线。

我要坐的车上午 9 点到，线路编号大于 9，小于 13，是个奇数。

我要坐的车下午 2 点到，线路编号大于 9，小于 13，是个偶数。

我要坐的车下午 5 点到，线路编号大于 8，小于 10。

✎ 朵朵和妈妈要去看电影，请你根据她们的要求圈出她们要看的影片。

我们要看的影片在下午4点之后放映，票价高于35元，低于40元。

开场时间：14:00
票价：38元

开场时间：17:00
票价：25元

开场时间：16:30
票价：38元

✎ 下面是十二生肖时钟，请你看看表盘上的小动物分别代表数字几，把它们代表的数字写在□里，并按照钟表下面的提示，在表盘上画出相应的时间。

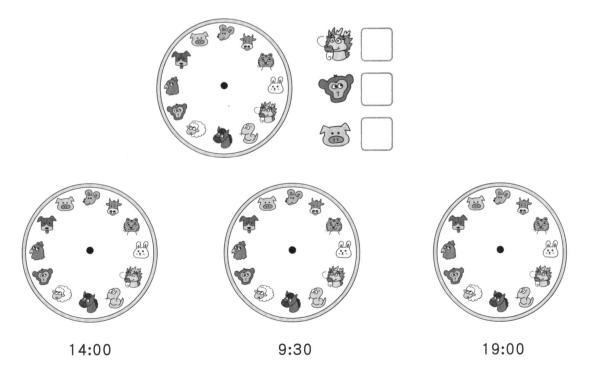

14:00   9:30   19:00

游乐场里，小朋友们正在玩游戏。请你仔细观察画面，回答右边的问题。

① 请你按不同特点给摩天轮的座舱分类：
按形状分，圆形的共＿＿个，
　　　　　方形的共＿＿个。
按颜色分，红色的共＿＿个，
　　　　　蓝色的共＿＿个。
按乘坐人数分，2人乘坐的共＿＿个，
　　　　　　　1人乘坐的共＿＿个。

② 请你找出小丑手上的气球的排列规律，把空白气球涂上正确的颜色。

③ 请你找出棉花糖形状的排列规律，把缺少的棉花糖画出来。

④ 请你数一数，海盗船上有＿＿名男孩，＿＿名女孩，总共有＿＿人。

⑤ 请你数一数，过山车上有＿＿名男孩，＿＿名女孩，总共有＿＿人。

⑥ 请你数一数，排队的人中，爸爸妈妈和小朋友的人数分别是多少，并用画"正"字计数的方式把数量记录下来。

爸爸妈妈：	小朋友：

秋天来了，水果都成熟了，森林里的小动物们正在庆祝丰收。请你根据画面回答右边的问题。

土豆 20千克

橙子

苹果

梨

石榴

玉米 10千克

① 在□里写出每种水果的数量，梨的数量是
____的两倍，橙子的数量是____的两倍。

② 橙子和石榴共有____个，比苹果和梨的总
数多____个。

③ 四种水果共有____个。

④ 一筐红薯和一筐花生的重量是　　　千克，
正好和一筐（玉米　土豆）的重量相等。
请你给农作物按从重到轻排序，把序号写
在图中的○里。

⑤ 下面是小动物所需要的水果数量统计表，
请你根据每种水果的需求数量，看看草地
上的水果够不够分，还需要采摘多少，把
需要采摘的水果的数量分别填在横线上。

	苹果	石榴	橙子	梨
	3	2	4	3
	4	4	6	3
	3	3	8	4

还需要摘____个苹果、____个石榴、
____个橙子、____个梨。

27

✎ 小马需要买一些缝在衣服上的纽扣，请你根据画记单，回答下面的问题。

图形	画记
△	正 正
□	正 下
○	正 一
◇	正 下

① 按颜色分，红色纽扣有____个，黄色纽扣有____个，绿色纽扣有____个。

② 按扣眼数量分，2个扣眼的有____个，3个扣眼的有____个，4个扣眼的有____个。

③ 红色纽扣和绿色纽扣共有____个，黄色纽扣和蓝色纽扣共有____个。

④ 小马要把这些纽扣按不同规律重新摆放，请你根据小马的摆放规律，把空缺的纽扣画出来。

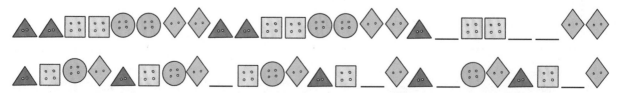

✎ 红红和明明在玩扑克牌的游戏，请你根据要求回答问题。

他们用画"正"字的计数方式记录各自获胜的次数，请你在空白处写出每个人的获胜次数，并圈出获胜次数更多的人。

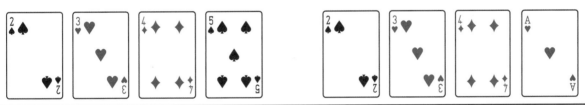

算一算每组牌的数字总和，圈出总数更大的一组。

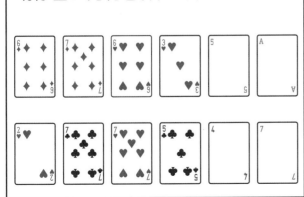

每组牌中的两种花色数量一样多，
请你画出无花色扑克的花色。

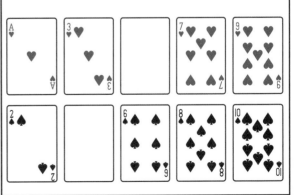

请你根据每组扑克的数字规律，
填写出空白扑克的数字。

洛克数学启蒙练习册2-B答案

P2
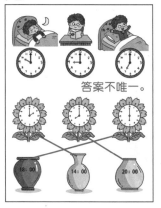
答案不唯一。

P3
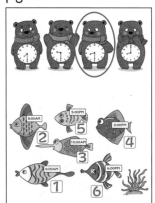

P4
用不同的线表示三种串法。
答案不唯一。
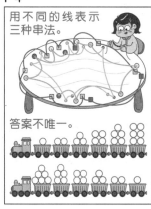

P5

答案不唯一。

P6

P7

①花园里有 **13** 朵红花，**11** 朵黄花，红花比黄花多 **2** 朵。
②花瓣的数量。
③见图示。
④大蝴蝶有 **5** 只，小蝴蝶有 **7** 只，大蝴蝶比小蝴蝶少 **2** 只。
⑤见图示。

P8

P9

P10

P11
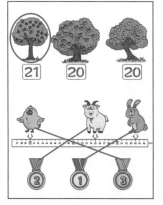

P12

P13
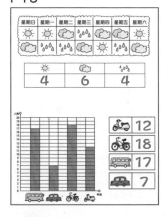

P14
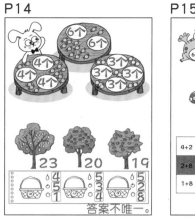
答案不唯一。

P15
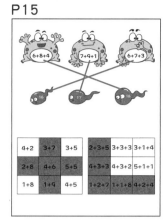

P16

P17

P18

P19

P20

P21

P22

P23

P24~25

P26~27

P28

P29

洛克数学启蒙
练习册

洛克博克童书 策划　舒丽 编写　懂懂鸭 绘

✎ 现在是上午10点，请你根据提示写出下面三个时间，并画出钟面上的指针。

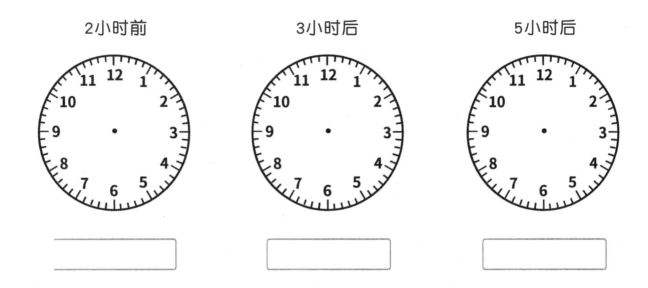

2小时前　　　　　　3小时后　　　　　　5小时后

✎ 请你将时间相同的杯子和盘子连线。

下面是小明的寒假学习计划表，请你也为自己制订一份计划表，做自己的时间小主人吧。

时间	内容
7:30—7:50	起床、洗漱
8:00—8:20	早餐
8:30—9:00	晨读
9:20—9:50	锻炼
10:00—11:20	写作业
11:30—12:20	午饭
12:30—14:20	午休
14:30—15:20	兴趣学习
15:30—17:30	自由活动
18:00—19:30	晚饭、散步
19:40—20:20	阅读
20:30—21:00	洗澡、睡觉

寒假学习计划表

✎ 请找出下面每组冰激凌的摆放规律，为后面的冰激凌涂上正确的颜色。

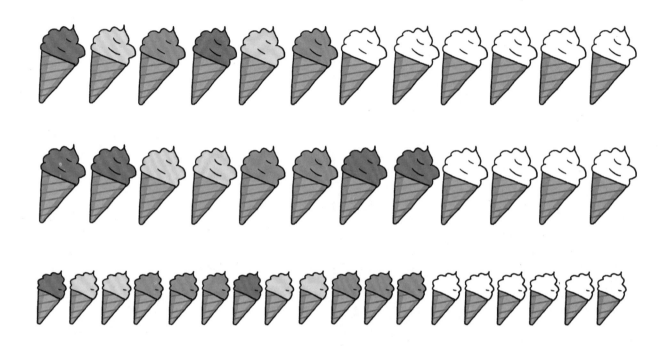

✎ 请你找到每排花朵数字的排列规律，写出后面的数字。

请你帮小老鼠按〇△□的规律走出迷宫，吃到它最喜欢的蛋糕。

✎ 下面的饼干按照相同的特征可以分为两类，请将饼干对应的序号写入盘子中。想一想：你还能写出其他分类方式吗？

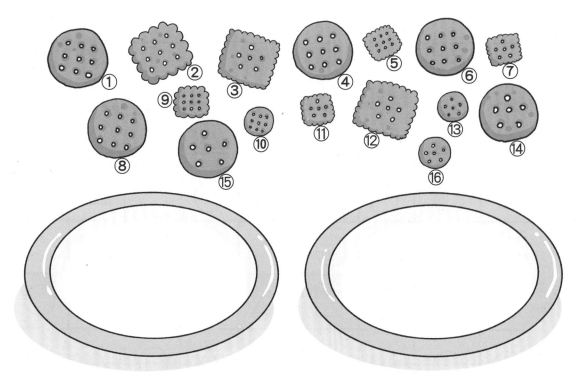

✎ 请你把每组中与其他物品不同类的物品圈出来。

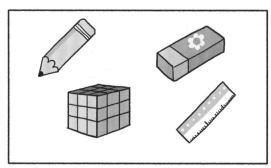

✎ 请你仔细观察海洋里的小鱼，回答下面的问题。

① 按小鱼的脑袋颜色分，红色的有＿＿条，黄色的有＿＿条，粉色的有＿＿条。

② 按小鱼的条纹颜色分，红色的有＿＿条，黄色的有＿＿条，粉色的有＿＿条。

③ 按小鱼的条纹数量分，有2条条纹的共＿＿条，有3条条纹的共＿＿条。

④ 请你再画几条小鱼，使脑袋颜色不同的小鱼数量相等。

✎ 售货员正在清理货物，请你帮他用画记的方式清点，并写出数量。

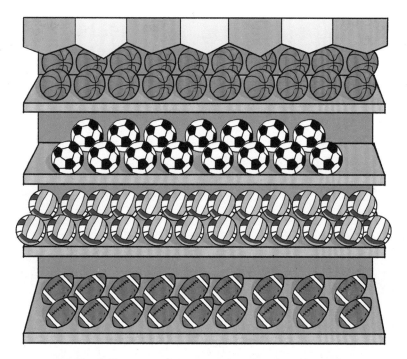

球类	画记	数量
🏀	正正正正	20
⚽		
🏐		
🏈		

✎ 请你数一数每组糖果的数量，把它们和对应的画记单连线。

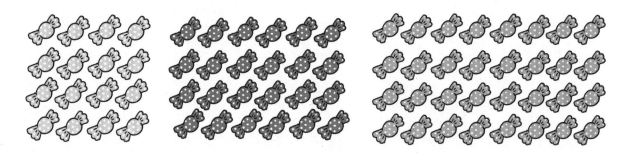

蔬菜都成熟了，请你根据乐乐和妈妈需要的蔬菜数量，圈出相应数目的蔬菜吧。

✎ 请你把下面两个表格里空缺的数字写出来。

15	16		18	19		21	22
23		25	26		28	29	30
31	32	33	34	35	36		38
39		41		43	44		46
47	48		50	51	52	53	

	31	32		34	35	36	
38	39	40	41	42		44	45
46		48	49	50	51	52	53
	55	56		58	59		61
62		64	65	66		68	69

✎ 请你圈出每个羊圈里最重的羊。

✏ 请你按1~100的顺序将数字连起来，看看会出现什么吧！

✎ 请你仔细观察小朋友们的情绪统计图，完成下面的问题。

		星期一	星期二	星期三	星期四	星期五	星期六	星期日
☐		😊	😊	😔	😠	😊	😊	😔
☐		😢	😊	😊	😊	😠	😊	😊
☐		😊	😊	😔	😢	😠	😊	😔
☐		😊	😠	😢	😠	😊	😊	😊
☐		😠	😊	😔	😢	😊	😊	😊

① 请你在高兴天数最多的小朋友前面画"√"。

② 请你在伤心天数最多的小朋友前面画"○"。

③ 请你圈出所有小朋友都高兴的一天。

④ 第四个小朋友这周的心情天数分别是：高兴____天；伤心____天；生气____天。

⑤ 请你找到伤心人数最多的一天，在上面画"✕"。

⑥ 星期四，有____个小朋友高兴，有____个小朋友生气，有____个小朋友伤心。

✎ 小朋友们竞选主持人，请你在下面右侧的图表中统计出他们的选票（一个"○"代表一票），并在下面左侧的图中圈出获胜的小朋友。

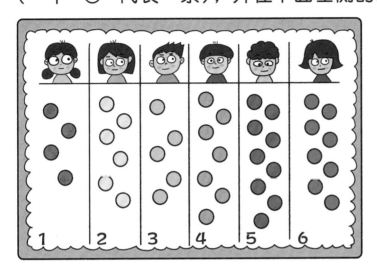
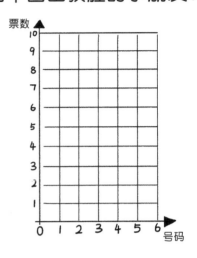

✎ 明明和乐乐玩套圈比赛，看看他们三次分别套中的个数，圈出套得更多的人。

	第一次	第二次	第三次
	8	6	7
	5	9	6

✎ 小熊最爱吃蜂蜜了，请你帮小熊找一找属于它们的蜂蜜（蜂蜜罐子上的数字总和要与小熊衣服上的数字总和相同）。连一连吧！

✎ 乐乐买了4样东西，正好花了25元钱，请你帮他圈出购买的4样商品吧。想一想：可以有几种组合？

请帮兔妈妈把篮子里的食物分给兔哥哥和兔妹妹，使得加上兔哥哥、兔妹妹原有的食物，每只小兔分配到的食物总数相同。请将各自需要分配食物的数字写在下面的□里。

请你在下面的○中填入合适的数，使每条线上的三个数相加都等于右边方框里的数。

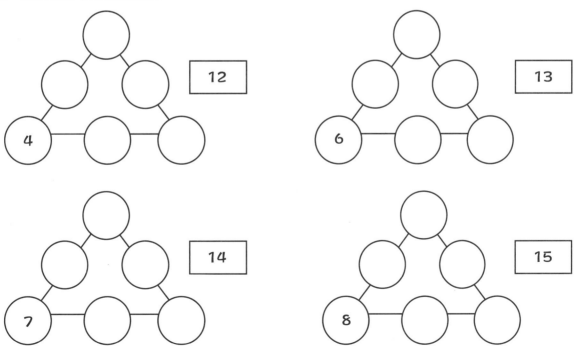

✎ 小朋友要去放风筝，请你按他们的要求找到对应的风筝，并连线。

✎ 请你根据线索卡上的提示，在每张卡片上圈出逃跑的小老鼠。

✎ 两个小朋友在玩猜数游戏，他们看不到自己头上的数字。请你看看他们的提问，把能准确猜出自己头上数字的小朋友圈出来。

✎ 图中有三辆小火车，根据要求为车厢涂上漂亮的颜色吧。

将数字在16到19之间的车厢涂成红色。

将数字在12到15之间的车厢涂成蓝色。

将数字在19到23之间的车厢涂成粉色。

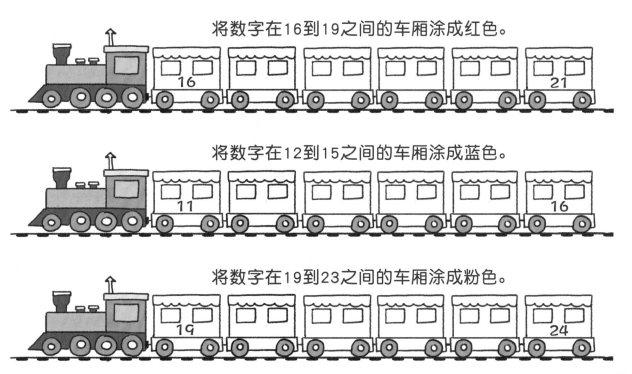

✎ 请你圈出号码牌数字不是按从左到右、由小到大的顺序排列的运动员。

✎ 请你将数字按从左到右、由小到大的顺序排列的气球涂成红色，将数字按从左到右、由大到小的顺序排列的气球涂成黄色。

毛毛虫身上的数字是按从左到右、由小到大的顺序排列的，它们身上丢失的一个数字与下面某一只蝴蝶身上的数字一致。请你找到这只蝴蝶，并把它们连起来。

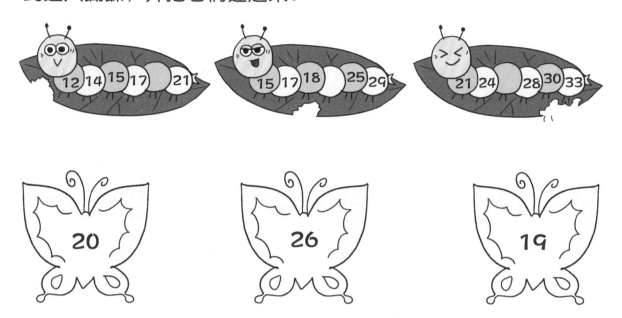

请你看看每条小鱼吐出的泡泡中的数字，在每组中最大的数字旁画"○"，在每组中最小的数字旁画"□"。

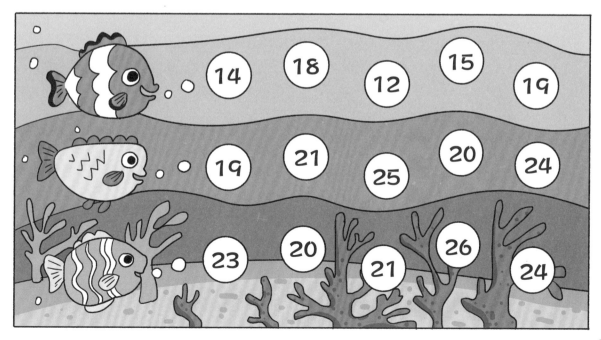

✎ 猴妈妈和小猴去掰玉米，哪幅图中小猴掰下的玉米数量正好是猴妈妈掰下的玉米数量的两倍呢？请把这幅图圈出来。

✎ 请观察图片，每把钥匙与每把锁都对应着一个数字。请你找到数字是两倍关系的锁和钥匙，把它们连起来。

✎ 两根15米长的绳子分别被减掉了一段，第一根被剪掉了3米，现在第一根的长度是第二根的两倍，请你写出第二根绳子被减去的长度。

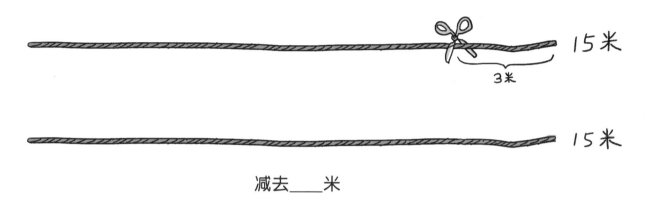

减去___米

✎ 请你看看商品的价格，算出购买下面的商品需要的价钱。

① 买2根香蕉和2个魔方需要___元。

② 买2个面包和2瓶矿泉水需要___元。

③ 买1瓶牛奶和2包饼干需要___元。

④ 买2辆玩具汽车和2个拼图需要___元。

① 请你数一数，图中小朋友们搭建好的城堡分别用了多少块不同的积木：

____块红色圆锥积木、 ____块红色圆柱积木、 ____块黄色长方体积木、

____块蓝色圆锥积木、 ____块黄色圆柱积木、 ____块蓝色长方体积木。

长方体积木的数量是（圆锥积木 圆柱积木）的数量的2倍。

② 请你帮小厨师找出最受欢迎的主食、菜品和饮料，在对应食物上面画"√"；

找出最不受欢迎的主食、菜品和饮料，在对应食物上面画"✕"。

③ 请你帮小朋友在她的图画上涂色（3瓣花涂黄色，4瓣花涂紫色，5瓣花涂粉色）。

④今天是星期四，请你根据上一周4种植物的浇水记录，找到它们的浇水规律，把今天需要浇水的植物圈出来。

⑤两个小朋友在下棋，如果5局后，穿粉色衣服的小女孩暂时领先，那这5局中，她最少要获胜____局。

⑥请观察书架，封面上有数字的书是数学绘本，有小动物的书是动物绘本，有节日用品的书是节日绘本。请你在数学绘本的右上角画"△"，在动物绘本的右上角画"○"，在节日绘本的右上角画"□"。数一数，节日绘本的数量是（动物绘本　数学绘本）的数量的2倍。

对应图画书《1、2、3，茄子》《酷炫100天》《大了还是小了》《狂欢购物节》《时间到了》《全部加一倍》

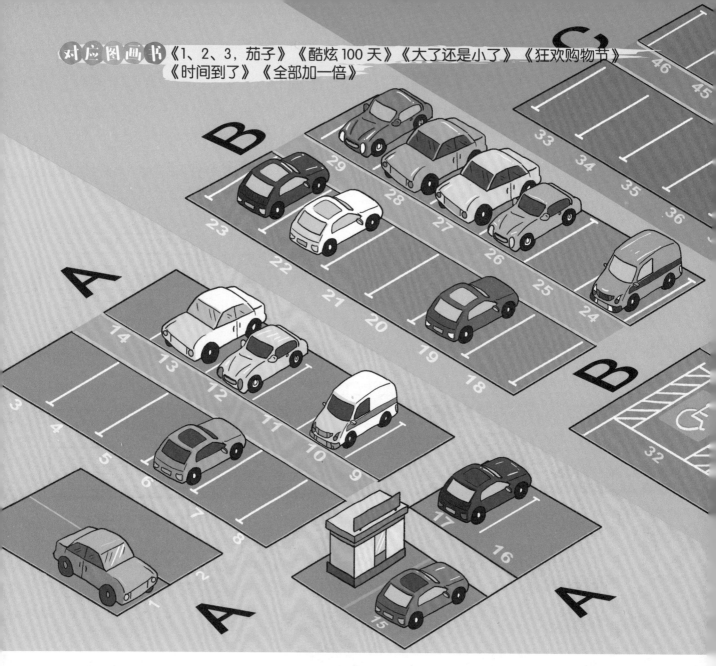

① 停车场里一共有63个车位，A区共停了____辆车，B区共停了____辆车，C区共停了____辆车；____区停的车最多；A区和B区的车加起来比C区多____辆。

② 现在又来了9辆车，停车场共有____辆车。

如果要A区车辆最多，且B区车辆比C区车辆多，可以这样分配新来的车：

A区____辆、B区____辆、C区____辆。

如果想要3个区停的车一样多，可以这样分配：A区____辆、B区____辆、C区____辆。

③ 现在停车场还有____个空车位。

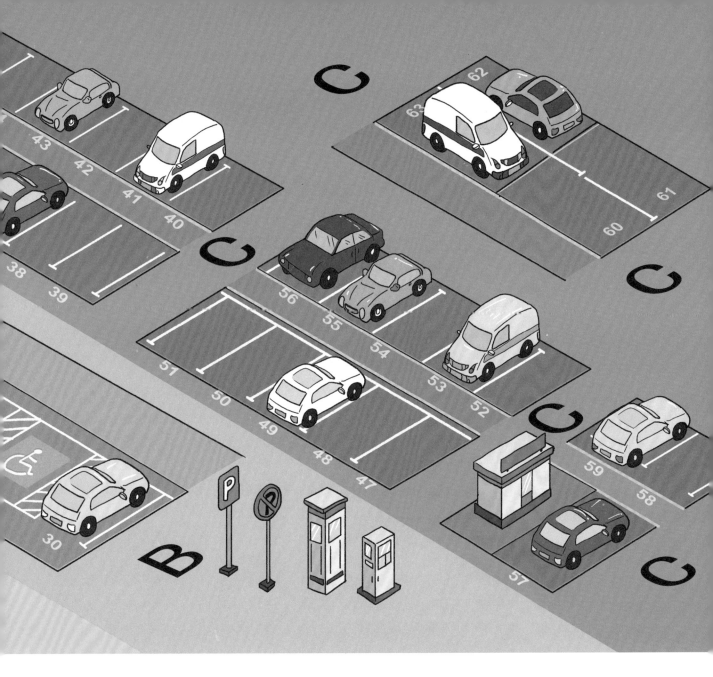

④ 朵朵家的车停在了A区，车位号码是奇数，且旁边的偶数车位上停了一辆车，
   请你圈出朵朵家的车。

⑤ 停车场的收费标准是每30分钟4元，请你看看乐乐家的车和小小家的车驶入
   和驶出的时间，算出他们两家的停车费。

	驶入时间	驶出时间	停车费
乐乐家的车	9:00	10:30	
小小家的车	14:30	16:30	

✎ 请你根据提示圈出运动员的号码，并回答下面的问题。

① 请你找到红队中的一名队员，并把这名队员圈出来（这名队员的号码在7和10之间，是个偶数）。

② 请你找到蓝队中的一名队员，并把这名队员圈出来（这名队员的号码在12和15中间，是个奇数）。

✎ 小朋友们玩跳格子游戏，请你仔细观察，完成下面的问题。

③ 所有队员中，女孩人数是男孩人数的2倍，共有____名女孩，____名男孩。

④ 如果红队按号码从小到大、从左到右的顺序重新排队，站在从右往左数第3个的是____号，站在从右往左数第6个的是____号。

⑤ 如果蓝队按号码从大到小、从左到右的顺序重新排队，站在从左往右数第2个的是____号，站在从左往右数第5个的是____号。

---

① 请你把5、7、9三个数字按顺序填入"跳房子"的空白格子里。

② 请你找到身上数字是双倍关系的两个小朋友，在他们旁边画"√"。

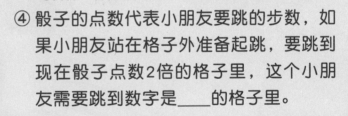

③ 小朋友投到的骰子数在2和5之间，是奇数，请你在骰子上画出正确的点数。

④ 骰子的点数代表小朋友要跳的步数，如果小朋友站在格子外准备起跳，要跳到现在骰子点数2倍的格子里，这个小朋友需要跳到数字是____的格子里。

✎ 请你帮熊猫贝贝完成下面的任务，成功到达终点，找到好朋友乐乐吧！

任务1

在方格里填上数字1~9，使数字横、竖相加的和都等于15。

7		
	8	
	1	9

任务2

请你找到数字排列规律，填出空白处的数字。

1,16,2,14,3,12,4,10, __ , __ ,6,6

任务3

请你在钟表上画出对应的时间。

15:30   21:00

熊猫们要给妈妈选一个蛋糕，请根据它们的投票情况，圈出最合适的蛋糕。

	尺寸			层数			口味		
	6寸	8寸	10寸	2层	3层	4层	巧克力	草莓	芒果
	√			√				√	
		√			√				√
		√				√			√
			√	√			√		

6寸巧克力蛋糕　　　8寸草莓蛋糕　　　8寸芒果蛋糕

请你按照数字从小到大的顺序连线，再把最大的数字和最小的数字连起来，看看会出现什么图案。

洛克数学启蒙练习册2-C答案

P2

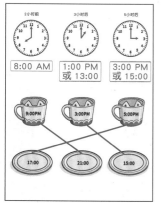

P3

请根据个人的实际情况填写。

P4

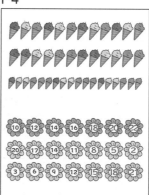

P5

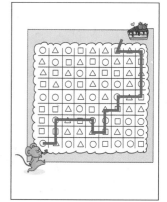

P6

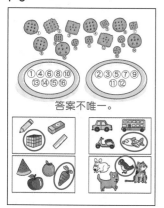

答案不唯一。

P7

① 红色的有 **6** 条，黄色的有 **4** 条，粉色的有 **5** 条。

② 红色的有 **5** 条，黄色的有 **7** 条，粉色的有 **3** 条。

③ 有2条条纹的共 **3** 条，有3条条纹的共 **12** 条。

④ 见图示（再画两条黄色脑袋、一条粉色脑袋的鱼）。

P8

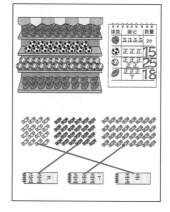

P9

圈出相应数量的蔬菜即可。

P10

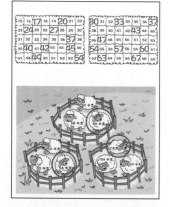

P11

P12

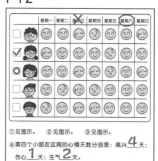

① 见图示。　② 见图示。　③ 见图示。

④ 第四个小朋友这周的心情天数分别是：高兴 **4** 天；
伤心 **1** 天；生气 **2** 天。

⑤ 见图示。

⑥ 星期四，有 **1** 个朋友高兴，有 **2** 小朋友生气，有 **2** 个小朋友伤心。

P13

P14

答案不唯一。

P15

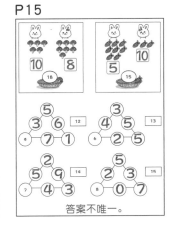

答案不唯一。

P16

P17

P18

P19

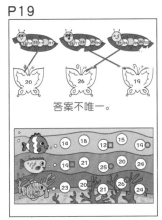

答案不唯一。

P20

P21

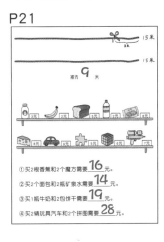

①买2根香蕉和2个魔方需要 16 元。

②买2个面包和2瓶矿泉水需要 14 元。

③买1瓶牛奶和2包饼干需要 19 元。

④买2辆玩具汽车和2个拼图需要 28 元。

P22~23

① 1 块红色圆锥色积木、3 块红色圆柱积木、6 块黄色长方体积木、3 块蓝色圆锥积木、3 块黄色圆柱积木、2 块蓝色长方体积木。长方体积木的数量是（圆锥积木 圆柱积木）的数量的2倍。

②③④见图示。

⑤这5局中，她最少要获胜 2 局。

⑥见图示。数一数，节日绘本的数量是（动物绘本 数学绘本）的数量的2倍。

P24~25

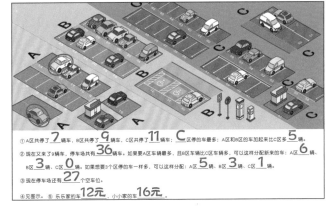

①A区共停了 7 辆车，B区共停了 9 辆车，C区共停了 11 辆车；C 区停的车最多；A区和B区的车加起来比C区多 5 辆。

②现在又来了9辆车，停车场共有 36 辆车。如果想要A区车辆最多，且且C区车比B区车多，可以这样分配新来的车：A区 6 辆、B区 3 辆、C区 0 辆。如果想要3个区停的车一样多，可以这样分配：A区 5 辆、B区 3 辆、C区 1 辆。

③现在停车场还有 27 个空车位。

④见图示。⑤乐乐家的车 12元，小小家的车 16元。

P26~27

①②见图示。

③共有 12 名女孩，6 名男孩。

④站在从右往左数第3个的是 7 号，站在从右往左数第6个的是 4 号。

⑤站在从左往右数第2个的是 18 号，站在从左往右数第5个的是 15 号。

①②③见图示。

④这个小朋友需要跳到数字是 6 的格子里。

P28~29